简单搞定客户
30个案例 × 3个方案
提升你的版面设计力

［日］甲谷一 编著   叶灵 译

人 民 邮 电 出 版 社
北 京

一种主题　三种对策

前言

本书是《日本版式设计原理》的续篇。在前一本书中，我主要讲述了设计师在接受客户所提出的要求后，在理解设计主旨的基础上需要注意的几点。

在本书中，我在继续强调上面所说的几点要求的基础上，还将向读者介绍使排版布局更加丰富的秘诀和要点。

我们在实际工作中进行设计时，会一次性推出大约3种备选方案，并编作方案A、方案B、方案C等，或者推出A、B两种备选方案。

当然，根据工作需要，有时我们还必须一口气推出数十种方案，有时提出1种方案即可。但是，就算只是提出1种方案就能达到要求，众多的设计师们也会私下反复对比斟酌，最终精挑细选出最优者交予客户。

因此我认为，很有必要考虑"使设计更加丰富"的可能性。

也就是说，设计师要针对1个项目，从各个不同的角度考虑使设计变得丰富多彩的可能性。在实际设计中要以可见的形式展示不同的设计方案，让客户有挑选、比较的余地。

在本书的案例中，我在收到客户的设计要求后，结合设计的手绘草图，展开3种方案的布局，并说明设计思路。

亲爱的各位读者，请将本书中的思路和技术化为己用，在日复一日的工作中灵活运用。如果能启发大家创造出独门设计方案，我将不胜荣幸。

本书的阅读方法
Editorial Note

本书有30个不同的主题，以数字01～30进行了编号。每个主题用4页篇幅展开说明。

罗列客户和编辑的需求。将要求设计的作品内容、委托方的要求及准备好的素材依次排开，清晰可见。

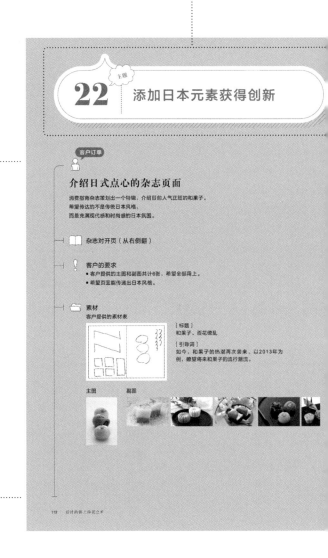

主题

22 添加日本元素获得创新

客户订单

介绍日式点心的杂志页面

消费指南杂志策划出一个特辑，介绍目前人气正旺的和果子。
希望传达的不是传统日本风格，
而是充满现代感和时尚感的日本氛围。

杂志对开页（从右侧翻）

客户的要求
- 客户提供的主图和副图共计6张，希望全部用上。
- 希望页面能传递出日本风格。

素材
客户提供的素材表

[标题]
和果子、百花缭乱

[引导词]
如今，和果子的热潮再次袭来。以2013年为例，瞭望将来和果子的流行潮流。

主图   副图

方案A的设计稿。方案B、C的设计稿安排在下一页。

方案A

手绘设计草图，旁边附有制作思路。

以设计草图为蓝本完成的设计稿。作品右上方是点明设计亮点的一句话。

目录

第1章 让设计丰富化的基础知识

照片的使用方法 10
配色的基础 12
文字的基础 14
为设计锦上添花的小技巧 16
改变醒目字 18

第2章 照片运用方法的苦心挖掘

01 凭1张照片，出奇制胜 22
02 修修剪剪，脱颖而出 26
03 善用对开页，一招定胜负 30
04 改变主图，别出心裁 34
05 创新排列，丰富设计 38
06 善用主图，创造变化 42
07 主图副图，双管齐下 46

第3章 配色方法的刻意求新

08 改变背景色，制造创新点 52
09 采用照片主色调，制造创新点 56
10 改变基本色，强调高级感 60
11 通过配色，突出内容 64
12 颜色搭配，大有文章 68
13 使用雅致配色，制造丰富变化 72

第4章 字体设计的创新方法

14 标题字体的创新方法 78
15 段落排版的创新方法 82
16 改变字体，带来创新 86
17 书籍正文排版方法的求新之术 90
18 只有文字的封面的求新之术 94
19 标题周围和字体的求新之术 98

5

第 5 章

设计的锦上添花之术

20　添加素材刻意求新①⋯⋯⋯⋯⋯⋯⋯⋯⋯ 104

21　添加素材刻意求新②⋯⋯⋯⋯⋯⋯⋯⋯⋯ 108

22　添加日本元素获得创新⋯⋯⋯⋯⋯⋯⋯⋯ 112

23　添加趣味点获得创新⋯⋯⋯⋯⋯⋯⋯⋯⋯ 116

24　增添可爱元素求得创新⋯⋯⋯⋯⋯⋯⋯⋯ 120

25　增加优雅色彩求得创新⋯⋯⋯⋯⋯⋯⋯⋯ 124

6

第 6 章

改变醒目文字

26　改变醒目文字，求得新变化①⋯⋯⋯⋯⋯ 130

27　改变醒目文字，求得新变化②⋯⋯⋯⋯⋯ 134

28　改变醒目文字，求得新变化③⋯⋯⋯⋯⋯ 138

29　改变醒目文字，求得新变化④⋯⋯⋯⋯⋯ 142

30　改变醒目文字，求得新变化⑤⋯⋯⋯⋯⋯ 146

7

第 7 章

做好设计的7个要点

1　考虑读者的阅读顺序⋯⋯⋯⋯⋯⋯⋯⋯⋯ 152

2　该对齐的地方要对齐⋯⋯⋯⋯⋯⋯⋯⋯⋯ 153

3　通过裁剪进行确认⋯⋯⋯⋯⋯⋯⋯⋯⋯⋯ 154

4　张弛有道，心中有数⋯⋯⋯⋯⋯⋯⋯⋯⋯ 155

5　注意留白⋯⋯⋯⋯⋯⋯⋯⋯⋯⋯⋯⋯⋯⋯ 156

6　预算不足时也需妥善应对⋯⋯⋯⋯⋯⋯⋯ 157

7　保持沟通⋯⋯⋯⋯⋯⋯⋯⋯⋯⋯⋯⋯⋯⋯ 157

后记

第 1 章

让设计丰富化的基础知识

所谓设计丰富化，大概可以分为以下5个方法。

"照片的使用方法" "配色的基础" "文字的基础" "为设计锦上添花的小技巧" "改变醒目字"

如果能够灵活运用以上5种方法，即使在有限的情况下，

也能为创造视觉效果提供不同的布局方案。本章中，将首先就各个方案的秘诀和要点进行简单说明。

照片的使用方法

让设计丰富化的要点在于照片的使用方法。

方法有"改变照片裁剪方式""在裁剪出的形状上下功夫""改变照片的配置方式""合成""改变颜色"等。

这里就布局中基本的照片使用方法进行简单说明。

基础的裁剪方法

无裁剪原图

完全没有修正原图（或与此接近的形式）。这样的方法能直接展示照片里的世界，是标准的使用方法。

放大

以人物为焦点，放大照片。这种做法破坏了照片里原有的世界，将对象置于中心。

突出显示

大胆放大，突出冲击力。这是注重整体氛围，对设计对象进行突出特写的方法。

完整展示照片。这是最标准的照片配置方法。

在照片外围加上几毫米的细白框。通过加上边框，给读者以沉稳的感觉。

在照片的周围大面积留白，给读者以安静淡然的感觉。

将照片置于纸面的角落，留出空白。通过灵活运用空白，产生令人心情愉悦的空间。

同样道理，将照片置于纸面左下方，在右上方留出空白。照片的放置方法和留白方法有很多种。

还有"コ"形的留白方式。

将照片横向拉伸放置的方法。

把照片放在中间，在左右两边留出空白。

将照片裁剪成正方形，产生简约的效果，也透出了一丝意外性。

下功夫改进裁剪的形状

把照片裁剪成圆形，通过改变外观来突出纸面的重点。

同样地，在文字中插入照片也是一种方法。

最后是将照片的一部分用波浪形线条裁剪的方法。

配色的基础

配色是使设计更加丰富的重要因素。

首先是灵活运用下图的"孟塞尔色彩系统"和日本色彩研究所（PCCS）研制的色调图谱。它们是配色的基础。

接着要知晓"互补色""类似色"等配色效果，进一步活用色彩。

使设计更加丰富不仅仅要求这3种方案的用色要有差别，色调也要发生变化。

明白颜色的组合方式

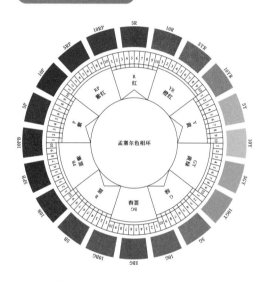

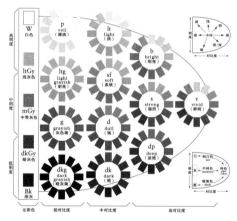

图：日本色彩研究所

孟塞尔色相环

由美国画家阿尔伯特·孟塞尔（1858—1918）发明的色彩系统，现在已经成为理解配色原理的基本图谱。实际上，孟塞尔色彩系统在这个图谱的基础上添加了明度和饱和度，是一个相当复杂的系统。这个色相环是配色的基础，请一定熟记在心。

色调图（PCCS）

色调是指颜色的明度和饱和度的组合。右边的颜色，在希望达到富有生机、充满活力且醒目的设计效果时是有效的，左上部分的颜色带有白色调，给人以优雅、安心之感，左下部分的颜色带有灰色调，给人以冷静沉着、潇洒之感。

互补色

互补色是指在色相环中互相处于正对面的两种颜色。如果想设置颜色的巨大反差感，给读者以热闹的印象，使用互补色是不错的方法。

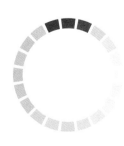

类似色

类似色是指在色相环中相接的两种颜色，或者相邻的几种颜色。使用类似色看起来非常和谐、美丽，并给人以稳定、沉静的印象。

配色的设计方法

以照片为主进行版面布局时，首先应该查清照片中使用了哪些颜色。如果能以此为线索，将有利于整个版面的协调。即使只有1张照片，也运用了很多颜色。综合考虑这些颜色，选择出最适合主题的配色。

标准的白底黑字式设计方案，能给人以清洁感和沉着冷静的印象。（COLORS：颜色）

以人物白色的T恤为基底，同时以T恤上的文字为重点——红色为文字颜色。清洁而明快。

以人物头发阴影的一部分黑色为基底，文字配色采用和裙子一样的黄色，鲜艳醒目。

以人物两颊的粉色为基底，文字为白色，给人以温柔、温暖的印象。

以头发的金色为基底，给人以沉着、时髦的感觉。

采用背景蓝天中明亮的蓝色为基底，给人以柔软、明快的印象。

采用背景海洋的深蓝色为基底，并且把颜色往深蓝色、低明度方向调整，产生冷静感和时髦感。

以人物皮带的绿色为基底，文字采用和裙子一样的黄色，充满生机和鲜活感。

和左边的方案采用完全相反的配色，是一种突出强调黄色的明亮感和喧闹感的方案。

文字的基础

改变字体和文字的布局方式，也是使设计更加丰富的要点。

这里我将简单介绍字体的种类、不同文字布局方式所带来的不同感受。

在3种设计方案中，有通过改变字体实现不同的设计效果的例子，也有在决定了应该呈现出来的效果和制作方向后，通过改变字体来改变阅读感受的例子。

如果将字体目录进行细分，则规模巨大，种类繁多。我仅介绍最应该记住的几类。

在了解到不同的书法字体能给人带来不同的印象后，我们在进行字体的选择时，就有可能在纸面最细微的部分做出有意义的设计。

明朝体

明朝体能够给人以"高级""简洁洗练""有格调""经典""正式"之感。比起粗体，看起来更为清晰、郑重。而且，在读长文章时，比起粗体字体，更具有可读性。

粗体

粗体能给人以"现代""休闲""年轻""易亲近"之感。纤细的字体可以营造出轻飘飘的氛围，粗胖的字体则给人以冲击力，容易抓住眼球。

圆粗体

比起粗体，圆粗体强化了休闲和易亲近之感，同时给予了字体可爱、温暖、安心、温柔之感，一般用于儿童读物。在成人读物中想表现可爱感、治愈感时，这个字体也是好的选择。

手写体

楷书、行书、草书、隶书、勘亭流字体（江户时代的冈崎屋勘六所创造，字体为圆胖草书体）等，好似用笔书写的字体，称之为"手写体"。这种字体给人以传统的印象，在希望营造出浓郁的和风时是不错的选择。

设计字体

除了上面所说的几种常用字体，还有各种设计字体。左边第一种字体介于明朝体和粗体之间，中间的字体是明朝体的加圆版，右边的字体是手写体的变种，更为平易近人。字体种类繁多。可以根据所设计产品的内容，选择最合适的字体。

目前，日文字体有近2000种，比起日文字体，据说外文字体多达2万～3
万种，目录浩瀚。这里，我只能缩小范围，简单介绍其中几种最应该被
记住的、最常用的字体。

serif字体

这种字体在字母的顶端会有小小的
装饰（serif），相当于日文字体中
的明朝体，能给人以"高级""格
调""传统"之感。开发的最初目
的是用于书本的印刷体。

Sans-serif字体

相当于日语字体中的粗体。这种字
体于19世纪出现，最初是用于告示
板、广告等，历史悠久。比起serif
字体更具现代感。

slab serif字体

"slab"意为"厚"，顾名思义，
也就是厚版的serif字体。历史上经
常用于广告标题、索引等，在需要
体现出视觉冲击力时适用。

script字体

script字体指的是像图中这样流畅地书写的文字，又名"笔
记体"。有左边这样简洁洗练、优美的，也有右边那样如同
签字笔写下的。这种字体最初的形态是如同用雕刻刀或铁笔
在柔软的铜板上刻下的字体。

display字体

display字体用于广告和告示板，具有很强的设计性。在希
望能吸引眼球、传达出个性时使用。如同上图中各种不同的
"A"，这种字体也有很多种类。根据作品的风格选择适合
的字体，能够在纸上突出重点。

即使使用同一种字体，根据布局的不同，给人传递的印象也随之改变。

シンプルに入れる	小さく入れる	大きく入れる
頭文字を大きく	斜めに配置する	曲線に沿って配置する

为设计锦上添花的小技巧

使设计变得丰富多彩的最有效方法，就是运用各种锦上添花的小技巧。

简而言之，就是在纸面上铺上各种不同质地的纸，以及在纸面上添加花纹或线条，或者加上画框、贴纸等。

当然，还有其他有难度的方法，就是照片合成。

通过这些小技巧，能够在很大程度上改变外观，同时引人注目。

考虑锦上添花的方法

下图介绍了各种可添加的要素。

纸和布，或其他花纹，平铺于纸面的空白处。

用纤维的照片来平铺（纤维和材质可以选择石头、木材、金属、水、木塞、矢量图等）。

添加装饰线（装饰线可以选择上图那样优雅的，也可以选择手绘风格等）。

添加画框（源于自然的素材，如花、木材、枯叶、食物等）。

相框、画框、拍立得相片等与"照片"有关的素材也是不错的选择。

便条本、剪下来的纸头、便笺纸、签条等，也有利于突出纸面的重点。

大头钉、图钉、透明胶带等能将纸张固定的工具也可成为焦点。

丝带也是信手拈来的道具。颜色和形状多种多样，可选择与内容相配的。

插画也是使纸面变得富有魅力的一种方法。无论是彩色的还是黑白的线条画，都是不错的选择。

在这里，我将以一幅画为例，展示前文所介绍的各种锦上添花之术。根据想法的不同，表现方法也很多，仅供参考。

在照片上添加装饰线

仅仅加上装饰线，就能在纸面上呈现出优雅、华丽的效果，锦上添花。这里我使用了和金色相近的颜色，但是白色与银色等也能营造出时尚的氛围。

在照片中添加插画

在照片中添加线条插画，就能产生现代感。在设计和时尚有关的内容时，清晰的线条画是不错的选择。在设计新闻类杂志时，使用有温度的线条画能够营造可爱之感。

照片合成

照片合成的方法有难有易，这里介绍1个简单的方法，即将照片嵌入画框。照片合成方法众多，随着想法千变万化，就有无限多种可能的表现方法。

改变醒目文字

按照几种方法的重要性排序，最后，我将介绍的是改变醒目文字的方法。

比如，设计方案中只有1张照片和若干文字。

有如下3种方法可以进行创意排版。

A. 注重图像，突出照片或插画。

B. 突出文字。

C. 突出图像和文字。

通过这3种方法，能够改变版面给读者的印象。

改变醒目字的方法

注重图像，突出照片或插画

图像优先的方法。这种方法是先将读者的视线集中到图案上，其次才是内容。将标题和文案缩小并置于不显眼的地方，就能够建立"图像→文字"的阅读流程。

突出文字

和上面的方案相反，第二种方法是通过文案来抓住读者的心，使之沉浸于内容之中。比起图像，文字更能直接传达诉求、具有冲击力。当设计者希望能直接传达诉求时非常有效。

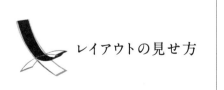

突出图像和文字

希望同时突出图像和文字时可以选用这种方法。这种操作的难度在于，如果排版不当就会失去重点，既突出不了文字也突出不了图像。因此排版时要注意位置、大小及留白方法，小心谨慎非常重要。

在实际排版中，一般会使用多张照片。此时，通过改变醒目点能够改变版面的风格。我以几个简单的例子展示这种变化是如何体现的。例如，设计1页"设计师和他设计的椅子"为主题的作品。

← 使用的素材

通过权衡两张图片（设计师和椅子）的主次地位，可以产生多种排版方法。

突出人物

首先尝试以人物为重点。当希望重点介绍其人其事、人物想法，以人像为焦点时，这种排版方法很有效。

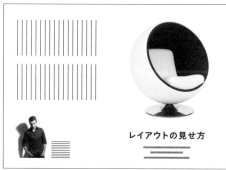

突出作品（物品）

其次，与上图相反，尝试以人物设计的物品为焦点。因为产品是设计师的象征，所以可以处理成作品占主要地位、人物占次要地位的结构方式。

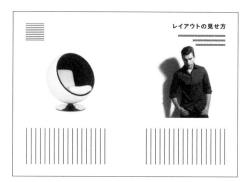

突出作品和人物

这种排版方法在希望同时强调作品和人物时是有效的。如果人物是家喻户晓的，那么就将人物放置在优先看到的地方；如果作品的知名度更高，则反之亦然。内容不同，优先顺序也不同。

第 2 章

照片运用方法的苦心挖掘

在灵活运用上一章所讲述的方法的同时，
我将举具体的例子并进行解说。
本章将从前面介绍的5种方法中挑出照片的使用方法作为要点，
为设计创造出丰富的变化。

01

凭 1 张照片，出奇制胜

客户订单

珠宝店的海报

这次订单是张贴在珠宝店的大幅人像海报，需要直观地展示人像。
请设计师提供几种设计方案。

📄 海报

❗ 客户的要求
- 请只使用一张人像作为海报的主体。
- 请选择具有高级感的人像。

📁 素材
客户提供的素材表

[吸睛的文案]
美人，耀眼美丽

[外语文案]
brilliant days（闪耀的每一天）

主图人像

✏️ 思考方案

首先按照客户的要求设计出一套方案。

在几乎不做其他修正的情况下将原图铺满版面，进行简单排版。

在醒目位置将外语的文案纵向排列，传达一种时尚的感觉。

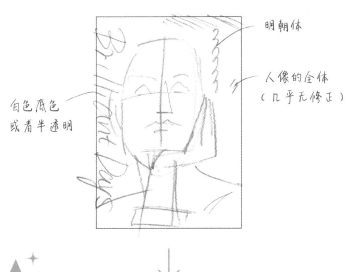

明朝体

人像的全体
（几乎无修正）

白色底色
或者半透明

🔍 设计要点

方案A首先意识到要灵活运用人像写真，做出一套简单的方案。

方案B

✎ 思考方案

在方案A中，我们按照客户的要求，以人像为设计重点。
因此，方案B可以大胆一些，做一些冒险的尝试。
我们大胆地把面部切成两半，以突出显示戒指。

突出人像。
即使把脸裁剪开
也没问题，大胆
地做出调整

字体是优雅体或
者 zapfino 体，以
传达优雅之感

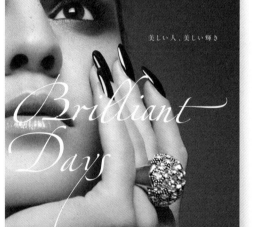

🔍 设计要点

该海报是人像海报而非商
品广告，因此方案B果断
裁剪了人像，以视觉冲击
力为设计重点进行了排
版。

思考方案

因为方案A、B都以人像作为画面的主体，
方案C选择将人像缩小，为画面留出足够的空白。
选择黑色背景，文字以紫色加以强调，演绎出高级感。

黑色背景

无修正

紫色
zapifino 体

设计要点

这种方法通过在纸面上留出充分的空白来创新布局。以高级感为设计重点，选择了黑色背景。如果选择白色背景，则会营造出柔和的氛围。

02 | 修修剪剪，脱颖而出

客户订单

美术展的传单

印象派画家雷诺阿的作品展览会即将开办，
主要的照片已经确定了。
灵活运用这张照片，提出几种方案。

📄 广告传单

❗ 客户的要求
- 传单中只能使用主要照片。
- 希望灵活运用画中柔和的氛围。

📁 素材
客户提供的素材表

［题目］
雷诺阿，幸福的画家

［文案］
喜爱美丽之物的画家

［其他信息］
2023.9.1周五—11.26周日
闭馆日：周一（9月18日、10月9日闭馆）
东京都文京区本乡3-3-X，邮编：113-0033
主办方：诚新闻社/文艺复兴文化财团
协办：东京都艺术推进财团

主图人像

方案A

 思考方案

该方案仅使用照片并以此为主体。
在提出三种方案的情况下，首先不要标新立异，
把应该传达的内容直接展示出来的方案是必要的。

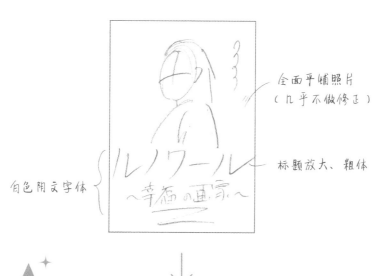

全面平铺照片
（几乎不做修正）

标题放大、粗体

白色阴文字体

↓

设计要点

这里应该传达的就是主要的照片和标题。因此，必须将图片平铺，放大题目字体。

27

方案B

✏️ 思考方案

这张画中，最吸引人的莫过于人物的脸蛋。
因此，通过着重突出显示这个部分（画中最有魅力的地方）给人留下强烈的印象。

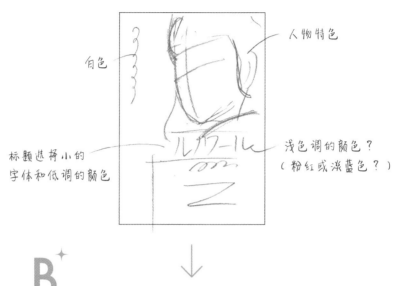

🔍 设计要点

这个方案为照片加上了一个淡蓝色的框。目的自然是和方案A区分开，但也因此为画面增加了界限感和明快感。

方案C

 思考方案

第三种方案考虑对画面进行修正。

将照片插入手绘素材中，突出"绘画"的微妙之感。

至于背景，为了突出画作的柔和优雅，因此选用柔和的浅色调颜色。

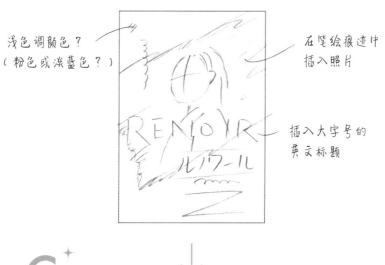

浅色调颜色？
（粉色或淡蓝色？）

在笔绘痕迹中
插入照片

插入大字号的
英文标题

设计要点

绘画肯定是以笔为工具，因此在人们的印象中，"绘画=笔"。这里我们在用笔画出的一片痕迹中插入照片。通过这样的修正，能够改变作品的视觉效果。

03

主题

善用对开页，一招定胜负

客户订单

男士配饰的广告传单

秋季新品上市，在男性时尚杂志上介绍这一系列新品。
运用一张效果图、数张商品特写图，体现出效果。

📖 杂志的对开页（从右侧翻）

❗ **客户的要求**
- 将客户提供的素材全部用上。
- 因为是男性时尚杂志，希望能传达简洁清晰的感觉。

📁 **素材**
客户提供的素材表

[标题]
ITEMS OF 2023 AUTUMN（2023秋季新品）

[文案]
2023年秋季，欧洲经典将成为关键词

[引导词]
2023年秋季，各个服装品牌的关键词都是"经典"。配色的方向当然是欧洲风情。在经典的元素和配色之中添加些许"调味料"，便会妙趣横生。接下来，我们将为您呈现即将到来的秋季的当季爆款。

整体形象照片　　配饰照片

思考方案

根据客户提供的素材，
我打算在右半页放置整体形象的照片，
在左半页放置配饰照片。

背景选用白色

左半页放置
配饰的照片

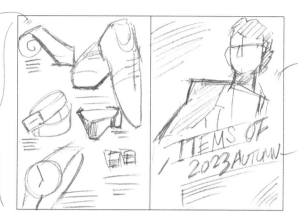

将配饰照片设置
成不同的大小，
在页面上制造出
强弱差别

文字选用白色

A

🔍 设计要点

右半页人物的目光向左看去，能够
自然地引出左边的商品照片，读者
的视线也能自然地被引导过去。

ITEMS OF
2023 AUTUMN

方案B

 思考方案

接下来，在整个版面中平铺所使用的人像。
原本人物写真是竖向排版的，如果横向排版，背景就不够了。
因此必须做个简单的合成处理。

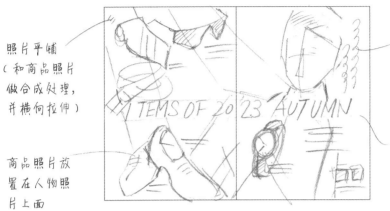

照片平铺
（和商品照片
做合成处理，
并横向拉伸）

商品照片放
置在人物照
片上面

胸脯色系
（和人物的衬
衫颜色一样）

放大文字并
选用粗体

🔍 设计要点

把人像平铺排版，版面上就能产生
视觉冲击感。这样的排版布局方法
在对开页中也是非常重要的。

思考方案

在这个方案中我决定制造点儿变化。
在剪裁上下功夫，创建出吸引眼球的布局。
通过斜着剪裁照片，制作出有跃动感的页面。

选用红色系背景

将人物照片斜着进行剪裁

将物品照片简单地进行摆放

选用红色系背景

选用 serif 字体

设计要点

通过斜着剪裁照片和放大人物特写，在布局上呈现出不同的印象。

04 主题 改变主图，别出心裁

客户订单

介绍各种香辛料的杂志页面

在女性杂志的烹饪版块中策划做一个特辑，介绍香辛料的各个种类。
页面中将介绍各种香辛料的种类和功能。
不提供主要照片，希望能看到不同风格的多种方案。

📖 杂志对开页（从右侧翻开）

❗ 客户要求
- 希望所提供的素材照片能全部用上。
- 不提供主图。

📁 素材
客户提供的素材表

[文案]
香料精通，烹饪不愁

[引导词]
熟练使用香辛料，度过酷暑无压力。
运用香辛料，让你的料理菜谱一下子变得丰富多彩吧。

照片

思考方案

杂志页面中的背景主图是非常重要的。

即使在页面布局上下功夫，背景主图却始终一致的话，风格改变的空间终究是有限的。

这里我们通过改变主图，创造丰富多彩的变化。

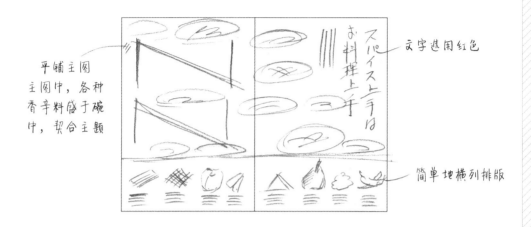

平铺主图
主图中，各种
香辛料盛于碗
中，契合主题

文字选用红色

简单地横列排版

设计要点

选择的背景主图是盛于碗中的各种香辛料的照片并将其平铺，契合主题。为了便于阅读，将文字置于底色为白色的文本框中。

方案B

✏️ **思考方案**

右半页，准备了一张照片，图中香辛料排列成一个圈。

左半页，放置各个香料的照片。

这个设计不仅注意了背景主图的不同，在排版方面也做出了创新。

白色背景

照片大小不一，表现出不同的强弱感

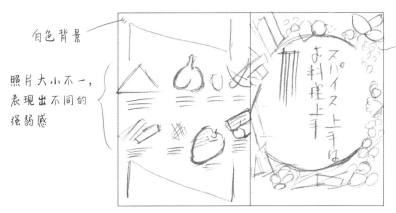

各种香辛料呈圆形排列

背景选择白色？
还是其他纯色，
或是布料质地？
还是木纹质地
右半页平铺照片

🔍 **设计要点**

各种香辛料呈圆形排列，正中间是文案，能自然地将读者的目光吸引过去。

B ✦

36 照片运用方法的苦心挖掘

方案C

✏️ **思考方案**

在前两种方案中，都着重突出香辛料的照片，力求抓住眼球。

在这个方案中，我们将其作为背景、使照片成为页面的点缀。

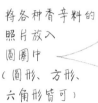

将各种香辛料的
照片放入
圆圈中
（圆形、方形、
六角形皆可）

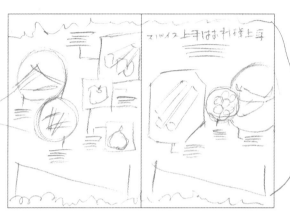

页面上下都
放置各种香
辛料的图片
（如同画框一般）

🔍 **设计要点**

和其他方案不同，该方案主要依靠的不是背景，而是各个香辛料的照片，通过照片的排列组合，为版面创造不同效果。

05 主题 创新排列，丰富设计

客户订单

介绍种类繁多的巧克力的页面

把如今人气正旺的巧克力分成两大类进行介绍。
照片众多，请概括后统一介绍。

📖 杂志对开页（从右侧翻）

❗ 客户的要求
- 提供的图片要全部用上。
- 将巧克力大概分为苦味和牛奶味两类进行介绍。

📁 素材
客户提供的素材表

[文案]
bitter chocolate（黑巧克力），深沉的苦味中带有丝丝的甘甜，充满魅力。保持了巧克力本来的风味，是久经世事之人的心头之选。

Milk chocolate（牛奶巧克力）苦中带甜，颇具魅力的巧克力风味。如丝般顺滑的口感，连行家也啧啧称叹。

照片

📝 **思考方案**

右边为黑巧克力，左边为牛奶巧克力。
每幅图片调整为同样大小，整齐排列。
是一个重视可读性与简单稳妥的方案。

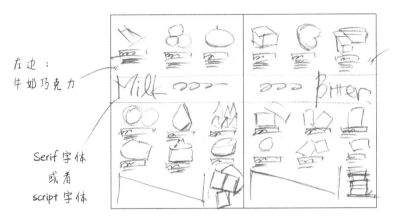

左边：
牛奶巧克力

Serif 字体
或者
script 字体

右边：
黑巧克力

每张图同样大小，
背景选择白色，
简单地排列

🔍 **设计要点**

每张照片调整成同样大小并简单地横向排列，可读性强，让人感觉安心、稳定。

思考方案

右边是黑巧克力，左边是牛奶巧克力，每个部分的背景选用不同的颜色。
巧克力的照片呈椭圆形，平均分布在左右两页。
这样就和方案A不一样了。

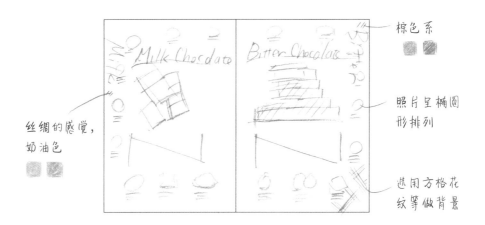

棕色系

照片呈椭圆
形排列

选用方格花
纹等做背景

丝绸的感觉，
奶油色

设计要点

和方案A一样，将巧克力的图片调整
为相同大小，但是排列方式不同，
产生的印象就不同。

✏️ 思考方案

这个方案中，将巧克力的照片调整为不同的大小。
当不需要将每幅照片都设为同等大小时，
这样的方法能够在版面上表现出动感。

背景选择条纹
（浅蓝色？粉色？）

※ 调整照片，
使之大小不同，
突出强弱

字体选用有
个性的，
来突出重点？

🔍 设计要点

设置不同的照片大小，张弛有度，
富有冲击力。

06

主题

善用主图，创造变化

客户订单

介绍几家可以看见夜景的高级餐厅

面向成年男性，介绍热门的约会用餐地。
主要照片有1张，店铺的介绍有6则。

📖 杂志对开页（从右侧翻）

❗ 客户要求
● 希望能够用上客户提供的主图。
● 店铺和菜肴的照片希望能全部用上。

📁 素材
客户提供的素材表

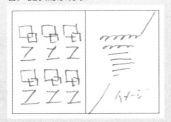

[文案]
如今最具人气的夜晚隐居之所
触动情绪的烛光晚餐

[引导词]
如今，颇具人气的高级餐厅如雨后春笋般出现。我们精心挑选了其中的几家。在这里，不仅仅是享用美食，更能触动久经世事之人的情绪。让我们一起走进这些引人注目的餐厅，细细品味它的浪漫之处。

主要照片

店铺+菜肴照片

思考方案

右边放置主要照片，左边放置各家餐厅的介绍。
右边的单页平铺放置照片，属于标准的排版方式。

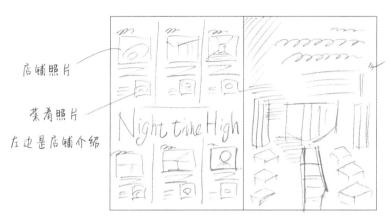

店铺照片
菜肴照片
左边是店铺介绍

右边是主要照片

A

设计要点

通过放大并在整个版面平铺主要照片，将"能够看到夜景的餐厅"的信息顺利地传递给消费者。

方案B

🖊 思考方案

在对开页展开的中间部分放置主图。

如果主图是人物写真，就不得不顾忌到书的装订处，不能将主图平铺在中间。

因为这次的图片是风景图，所以即使横跨书的左右页也不要紧。

Script 字体 —— 主要图片 ——

—— 明朝体字体

—— 选用黑色或蓝色，突出高级感

—— 店铺和菜肴的照片

🔍 设计要点

这个设计不墨守成规，选择了将照片横跨左右两页的排版方法。这种方法必须考虑到照片的内容，否则就会产生笑话。

方案C

思考方案

这个设计在对开页的上部点缀了主要图片，
在下方的空间插入了餐厅的设计和图片。
通过为餐厅的照片和介绍腾出较大空间，让读者有好的阅读体验。

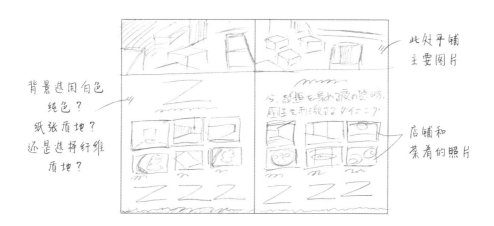

背景选用白色
纯色？
纸张质地？
还是选择纤维
质地？

此处平铺
主要图片

店铺和
菜肴的照片

设计要点

在考虑主要图片的排版方式时，应充分考
虑到纵向、横向、整个版面、版面上半部
分、版面下半部分种种可能性。

続々とオープンする話題のダイニングスペース。
その中から、単に食事を楽しむだけにとどまらない
大人の感性を刺激する店舗を厳選した。
今、注目のスポットをじっくり見ていこう。

文=本郷 光 写真=尤京 誠 / Text by Hikari Hongoh / Photographs by Makoto Bunkyo

Selected Restaurants

今、話題を集める夜の隠れ家
感性を刺激するダイニング

ミーティアー

続々とオープンする話題のダイニングスペー
ス。その中から、単に食事を楽しむだけにとど
まらない大人の感性を刺激する店舗を厳選した。
今、注目のスポットをじっくり見ていこう。続々
とオープンする話題のダイニングスペース。その
中から、単に食事を楽しむだけにとどまらない

電話：03-5800-198X
営業時間：17:30~23:00
休日：月曜
席料金：120席（個室あり）カード使用可

アマ・デトワール

続々とオープンする話題のダイニングスペー
ス。その中から、単に食事を楽しむだけにとど
まらない大人の感性を刺激する店舗を厳選した。
今、注目のスポットをじっくり見ていこう。続々
とオープンする話題のダイニングスペース。その
中から、単に食事を楽しむだけにとどまらない

電話：03-5800-198X
営業時間：17:30~23:00
休日：月曜
席料金：120席（個室あり）カード使用可

étoile

続々とオープンする話題のダイニングスペー
ス。その中から、単に食事を楽しむだけにとど
まらない大人の感性を刺激する店舗を厳選した。
今、注目のスポットをじっくり見ていこう。続々
とオープンする話題のダイニングスペース。その
中から、単に食事を楽しむだけにとどまらない

電話：03-5800-198X
営業時間：17:30~23:00
休日：月曜
席料金：120席（個室あり）カード使用可

VINGT

続々とオープンする話題のダイニングスペー
ス。その中から、単に食事を楽しむだけにとど
まらない大人の感性を刺激する店舗を厳選した。
今、注目のスポットをじっくり見ていこう。続々
とオープンする話題のダイニングスペース。その
中から、単に食事を楽しむだけにとどまらない

電話：03-5800-198X
営業時間：17:30~23:00
休日：月曜
席料金：120席（個室あり）カード使用可

すみれ

続々とオープンする話題のダイニングスペー
ス。その中から、単に食事を楽しむだけにとど
まらない大人の感性を刺激する店舗を厳選した。
今、注目のスポットをじっくり見ていこう。続々
とオープンする話題のダイニングスペース。その
中から、単に食事を楽しむだけにとどまらない

電話：03-5800-198X
営業時間：17:30~23:00
休日：月曜
席料金：120席（個室あり）カード使用可

LUNA

続々とオープンする話題のダイニングスペー
ス。その中から、単に食事を楽しむだけにとど
まらない大人の感性を刺激する店舗を厳選した。
今、注目のスポットをじっくり見ていこう。続々
とオープンする話題のダイニングスペース。その
中から、単に食事を楽しむだけにとどまらない

電話：03-5800-198X
営業時間：17:30~23:00
休日：月曜
席料金：120席（個室あり）カード使用可

57　　　　　　　　　　　　　　　　　　　　　　　　　　　　　　　　　56

07 主题 主图副图，双管齐下

客户订单

富士山特辑的杂志页

致力于挖掘各种生活方式的杂志准备做一个富士山特辑。
主要照片1张，副图6张，
设计出能够让人感受到富士山之美的版面。

📖 杂志对开页（从右侧翻）

❗ 客户提出的要求

- 提供3张主要照片，请根据需要自行选择。
- 希望副图能全部用上。

📁 素材

客户提供的素材表

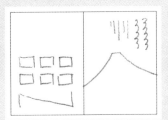

［文案］
富士风光甲天下，何不前往尽兴游

［引导词］
富士山荣登世界遗产名录已经10年有余，山间供游客休息的小木屋
已经修缮一新，登山道路也增设多条。让我们在领航员山口光的带
领下，前往一游吧。

主图

副图

✎ 思考方案

改变了主图的排版方式，版面的感觉也会随之不同。
这个方案选择将主图放大并横向排列，将副图缩小排列。

主要图片
横向放大
排版

选择明朝体、
白色字体

选择白色
或者
浅色字体

副图选择均
等大小？
还是设置成
不同大小？

🔍 设计要点

富士山的一大特点在于山麓的原野广阔。
因此，让照片占据大部分版面并放大平铺
可以充分展示这一特点。

🖋 思考方案

在杂志右边大约⅔的位置放置照片，
让读者可以看到"太阳""富士山""眼前的山"，感受到富士山的雄伟壮阔。
副图集中放在左下角的空白处。

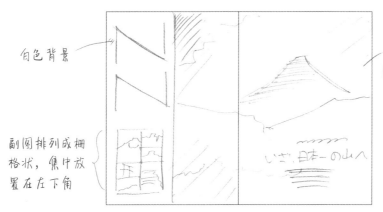

白色背景

照片放大，
跨越左右两页，
突出冲击力

副图排列成栅
格状，集中放
置在左下角

いざ、日本一の山へ

B

🔍 设计要点

如果照片的内容不是精细的人物写真，而
是大范围的物体，则应该尽量放大排版，
这样能够突出规模感，更具冲击力。

Brilliant Time At The Top

いざ、日本一の山へ

世界遺産に登録され10年を経た富士の山。
山小屋も整備され、充実の登山道を
ナビゲーター・山口光とともに歩いて打く。

文：多翔光 写真：文欣調
Text by Hikari Hiroshi Photographs by Makoto Bunkyo

057

056

✏️ **思考方案**

用照片填满整个页面。
在右边放置主要照片，并在上面放置介绍性的文字。
在左边页面放大各张照片，具有自由发挥的空间。

左半页全部用来放置副图，照片呈栅格状排列

在右半页平铺放置主图

文字选用白色

🔍 **设计要点**

副图和主图一样选择放大排列，在观感上会有所不同。

第 3 章

配色方法的刻意求新

通过钻研配色技巧，我们能够在有限的3种方案中创造出新意。

但是仅仅有颜色的搭配是不够的，

还需要结合前面所介绍的照片排列等小技巧，

才能多管齐下，花样翻新。

08

主题

改变背景色，制造创新点

客户订单

介绍众多种类的提包的杂志页

该杂志面向女性，正在策划一期介绍春季新品提包的特辑。

因为打算在页面中插入很多图片，所以要求简单、美观。

另外，在配色方面要体现出季节感。

📖 杂志对开页（从右边翻）

❗ 客户的要求
- 照片大小可以不同。
- 客户提供的照片即使没有全部用上也不要紧。

📁 素材
客户提供的素材表

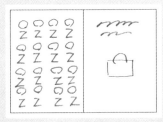

[文案]
当年春季引人瞩目的品牌包

[引导词]
这个春天接连上市了不少引人瞩目的品牌包。
这些提包让皮革熠熠生辉，阵容豪华，令人瞩目。

照片

✏️ 思考方案

因为是面向女性群体、介绍女士提包的杂志特辑，而且又是春季的应季产品，
所以直接选用粉红色作为背景色。
还要在背景中粘贴樱花图案，选用纸张质地的纹路，使春意勃然而出。

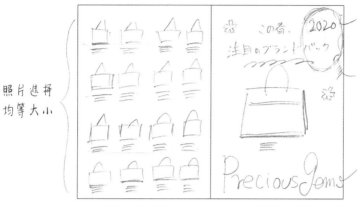

照片选择
均等大小

选用何种装饰线？

选择粉红色纸张纹
路，平铺作为背景色

细长的 serif 字体？
粉色或者白色

🔍 设计要点

因为这是和季节相关的内容，所以
应该在选择颜色和花纹时体现出季
节感。

✎ 思考方案

背景选用带白色调的浅蓝色，
以营造清爽可爱的氛围。
并且选择纸质纹路，显得既轻快又柔和。

从图片中挑
选出两张做
放大处理，
其他图片保
持大小一致，
以突出重点

淡蓝色
（背景要加入
纹理吗？）

用装饰线展示
华丽的感觉
（白色）

B ✦

🔍 设计要点

背景选用纯色的话，有时会显得单
调，因此此处选择加入纸质纤维
纹路。

✏️ 思考方案

本方案希望能够大幅度地改变设计的整体印象，故选用黄色背景。
因为立足于春季，所以选择黄色花瓣的放大特写做背景。
制作一个明快、温暖的杂志页面。

将照片设置成不同的大小

背景选用黄色花瓣特写

绿色
橙色
还是蓝色

🔍 设计要点

不仅是背景色，提包照片的大小也能创造出变化，使得页面张弛有度。

09 采用照片主色调，制造创新点

介绍都市建筑的杂志页

考察现代建筑的杂志要策划一个特辑。

灵活使用内容为颇具特色的现代建筑的照片。

杂志页面需要承载一定的信息量，因此应该为文字留出足够的空间。

📖 杂志对开页（从右侧翻）

❗ 客户的要求
- 提供的照片希望全部用上。
- 因为内容是都市建筑，因此希望版面能呈现出清晰的感觉。

📁 素材
客户提供的素材表

[文案]
现代都市建筑

[引导词]
本特辑将带来一批为城市景观增色的最新建筑样式。如今，世界建筑的滚滚大潮将流向何方？记者都仓大地为您敏锐分析，远望下一个时代引领时代潮流的城市建筑样式。

照片

方案A

✏️ 思考方案

结合客户提供的照片中所带有的色调选择颜色，
色调一致的话，杂志页面便较为统一、美观。
在此方案中，我们选择主要照片中夕阳的紫色作为背景颜色。

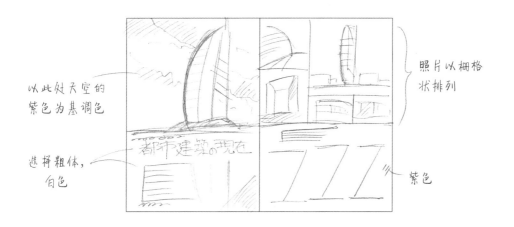

以此处天空的
紫色为基调色

照片以栅格
状排列

选择粗体，
白色

紫色

🔍 设计要点

照片中的颜色主要有蓝色、深蓝、
粉色、紫色、橙色等。比较分析这
些颜色，筛选出效果最好的。

方案B

✏️ 思考方案

在右上方的照片中，窗玻璃是蓝色的，因此挑选这个颜色作为主要基调色。
在各种蓝色中，有明亮、对比度高的，也有暗沉、对比度低的，种类众多。
本方案对整体风格进行权衡，挑选了对比度低、较暗沉的一种。

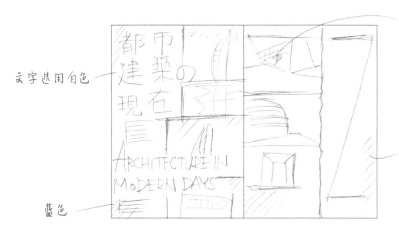

文字选用白色

以这张照片中的蓝色为基调色

在蓝色的背景中加入近乎透明的建筑物的照片？

蓝色

🔍 设计要点

这个方案选择了蓝色作为基调色，当然也可以选择客户提供的照片中出现的橙色和绿色，这样也能使风格一致。

都市建築の現在

ARCHITECTURE IN MODERN DAYS

✏️ 思考方案

和方案B一样，本方案也在照片中选择颜色作为基调色。照片中除了蓝色，还有灰色、绿色和黄色。

为了创造出与其他方案的不同之处，本例选择黄色系。

但是，明亮的黄色系过于轻飘飘，不方便读者阅读，因此本例中选择近似于金色的黄色。

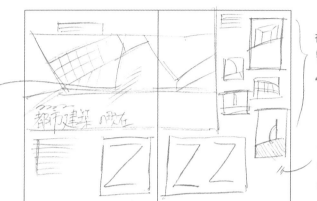

以这里的黄色为基调色

（加入一点黑色，显得比较稳重）

将5张照片设置成不同的大小进行排列

一个想法，背景中是否要加入一些纤维纹路？

🔍 设计要点

虽然照片一样，但是挑选不同部分的颜色，能为配色带来不同感觉。

Architecture In Modern Days
都市建築の現在

10 改变基本色，强调高级感

客户订单

芭蕾舞公演的广告传单

正值国外著名芭蕾舞表演者的公演之际，主办方想制作一张广告传单。
灵活使用客户提供的主要照片，
并让人感受到芭蕾舞艺术的优雅和高级。

📄 广告传单

❗ 客户的要求
- 只能使用客户提供的1张照片。
- 突出画面重点"跳芭蕾舞的女性"。

📁 素材
客户提供的素材表

[演出名称]
埃米·海因斯2023日本公演

[文案]
美丽女神的舞蹈。

[演出信息]
2023.8.18周五—8.20周日 本乡文化会馆
主办：诚文新闻社　特别赞助：本乡组
协办：公益财团法人　新诚文化财团
公演：英格兰文化协会　协助：日本管弦乐团

照片

方案A

✎ 思考方案

根据客户的要求，选择具有女性色彩、能够体现出优雅感的配色。

在以白色为基调的背景中，放置粉红色大号字体的英文。

设计出具有清洁感、温暖感、华丽感的页面。

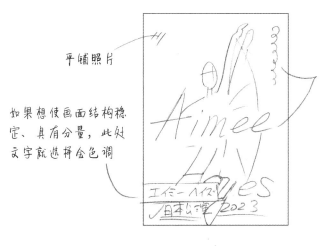

平铺照片

如果想使画面结构稳定、具有分量，此处文字就选择金色调

粉红色文字

↓

🔍 设计要点

该设计意识到了作为画面主体的女性舞蹈者，并用了众多女性喜爱的粉红色作为主要颜色。

方案B

为了创造雅致的感觉，本方案选择了银色作为主色。
并且使用了装饰线，强调了优雅感。
结合芭蕾舞的艺术魅力，高级感、冷淡感、禁欲感跃然纸上。

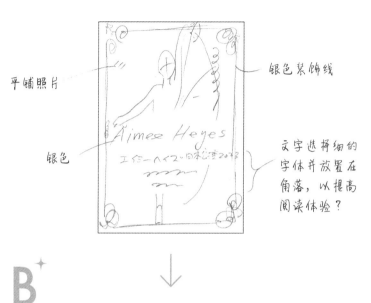

平铺照片

银色装饰线

银色

文字选择细的
字体并放置在
角落，以提高
阅读体验？

B

🔍 设计要点

设想在略有光泽的纸面
上，用具有特色的银色印
刷后的效果。根据场合，
选择各具特色的颜色，在
画面表现力方面就能够有
广阔的发挥空间。

思考方案

为了体现出光辉夺目、豪华奢靡的感觉，选用金色作为主要颜色。

为了增大金色的使用面积，将英文文字放大，强调金色调。

平铺照片

将文字缩小
放在角落

是否将金色字体设置
出立体效果？
（因为想突出高级感）

设计要点

在较小的面积中，即使使用金色也难以体现出豪华感，因此要尽量将使用金色的面积扩大。

11

主题

通过配色，突出内容

客户订单

对生物科技研究者的采访特辑

刊载对科学工作者采访的商业杂志特辑。
内容是对生物研究团队4位成员的采访。
内容由对4位成员的采访构成，希望能够清楚明确地展现出来。

📖 杂志对开页（从右侧翻）

❗ 客户的要求
• 将4个人物的照片处理成同样大小。
• 在必要的情况下，可以自行增加照片。

📁 素材
客户提供的素材表

[文案]
APS细胞的可能性：对欧内斯特大学生物研究团队的采访

[引导词]
今年春天，APS细胞的实际形态在学会上发表。研究者披露，APS细胞极有可能改变未来的医学。关于APS细胞的可能性，本社记者采访了欧内斯特大学生物研究团队"UCBC"项目的4位成员。

照片

方案A

 思考方案

因为主题是生物科技研究，因此应该采用白色作为主色调，突出清洁感。

还可以选用代表理性的蓝色来作为重点。

此方案的配色选择将研究者白大褂的白色和西式服装的蓝色相搭配。

明朝体，
蓝色

化学标志

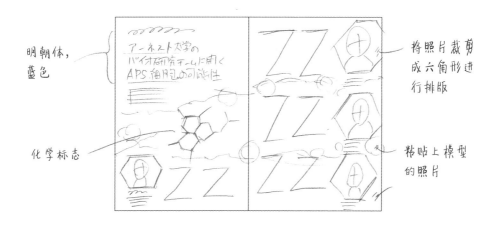

将照片裁剪
成六角形进
行排版

粘贴上模型
的照片

 设计要点

像这样有自己独立主题的杂志页，
应该根据内容选择配色。

方案B

报道内容为4则采访，为了明确内容，
我们将版面分为4块，每一部分用不同的颜色表示。
以从人物照片中选用的颜色为线索，思考配色方案。

选用灰白头发
中的灰色？

选择服装中
的黑色？

主要图片

选择人物服
装中的蓝色

选择服装中
的紫色

设计要点

当需要选用多种颜色时，要考虑页
面整体的平衡，重要的是要从色
调、色差的方面进行调整。

方案C

 思考方案

为了更加明显地改变颜色，
从视觉方面向读者传达信息：内容由4则采访构成。
区别于方案B，选择饱和度更高的颜色，增强画面的冲击力。

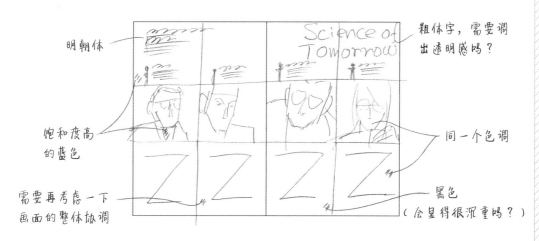

明朝体

粗体字，需要调
出透明感吗？

饱和度高
的蓝色

同一个色调

需要再考虑一下
画面的整体协调

黑色
（会显得很沉重吗？）

设计要点

要根据画面中出现的颜色及整体协
调性来进行选择，这里运用了4种颜
色的差异来进行区分。

12

主题

颜色搭配，大有文章

客户订单

关于育儿的连载专栏

杂志社策划刊登以育儿为主题的连载专栏。
文章浅显易懂，因此需要将插画编排为能够吸引眼球的样式。

杂志对开页（从右侧翻）

客户的要求

● 因为主题是育儿，因此画面要有温馨感。
● 希望放大使用提供的插图。

素材
客户提供的素材表

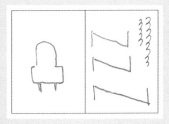

照片

[栏目名]
波奇和翔太的日记

[本回连载的题目]
某天发生的事

[正文]
宠物和孩子虽然不能做比较，但是父母和宠物主人比起来倒有不少
相似之处。赞同这个观点的读者应该不少吧。举例来说，我家有一
只叫波奇的小狗和一个叫翔太的3岁男孩。当我呼唤他们时，他们
各自有怎样的反应呢？大概认真观察寻找答案的我更为有趣吧。
父母或者宠物主人经常这么说："给我做XX！"（以下省略）

✎ 思考方案

因为设计对象是"育儿内容的连载栏目"，因此需要传达出温馨和温柔的感觉。
因为在白色背景下，左半页是插图，右半页是文字，看起来太单调。
因此为方案加入了和插图一样，由黄色和橙色混合而成的边框。

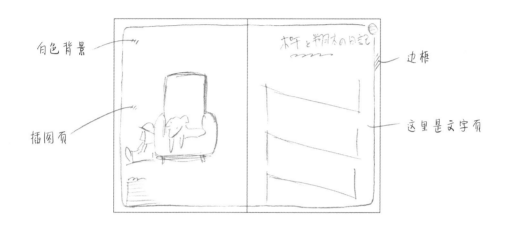

A

🔍 设计要点

灵活运用白色底色的同时，还加入了暖色系边框，这样不仅使文字清晰易读，还考虑到了杂志页的柔和氛围，是两全之策。

方案B

✏️ 思考方案

这个方案选用鲜艳的颜色，希望能在读者翻开书页时便吸引住他的目光。
插图页的背景色设置为橙色，以便清晰地划分出和文字页的分界线。
通过大胆的配色，为读者留下时尚、明快的印象。

背景：橙色

插图页

文字页

橙色

段落之间
插入横线

🔍 设计要点

该设计重视读者的阅读体验，文字页的背景选用白色，插图页则选择具有冲击力的橙色背景，使得画面张弛有度。

方案C

✎ 思考方案

这个方案中，我下定决心进行了创新，在插图的背景中采用两种颜色，并在页面中全面展开。
通过大面积使用色彩，营造出与该杂志其他页面的差别，
给读者一种"此面是连载专栏"的印象。

放大插图

黄色？
淡蓝色？

绿色

🔍 设计要点

这个设计意识到了此页面和其他页面的差别，利用对开页，将设计效果发挥到极致，这样的方法有时也是非常重要的。

13 主题 使用雅致配色，制造丰富变化

客户订单

对吉他表演家进行个人专访的杂志页

在文化类杂志上策划登载一个人气吉他表演家的个人专访。
页面构成要素有人物特写、文字、专辑封面的图片等。

📖 杂志对开页（从右侧翻）

❗ 客户的要求
- 一定要放入艺术家特写的图片和专辑图片。
- 对艺术家的手进行特写的副图是为了突出其形象，可以不用。

📁 素材
客户提供的素材表

[文案]
亚当·约翰逊：闪闪发光的旋律

[引导词]
现如今，吉他表演家亚当·约翰逊在美国唱片排行榜上人气正旺。
他弹奏的曼妙旋律究竟是如何诞生的呢？本特辑将为你带来这位接连推出佳作的天才吉他艺术表演家的个人专访。

主图

副图（可以不使用）

专辑封面

思考方案

为了配合西服和吉他的色调，在右边的文字页选择褐色的木头纹路照片作为背景。
这个方案，左半页是图片，
右半页是文字，排版风格简洁。

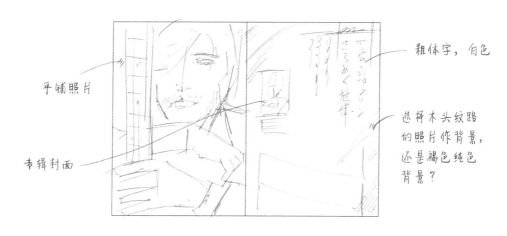

平铺照片

专辑封面

粗体字，白色

选择木头纹路的照片作背景，还是褐色纯色背景？

设计要点

将客户照片中出现的颜色和素材组合起来使用，使杂志页面风格统一。

方案B

思考方案

在漆黑的杂志页面上，使用金色来突出重点，传达出高级感。
主图也根据页面的颜色改变色调，
和手部写真组合起来排版。

照片改成
黑白色调

CD封面

金色

黑色

设计要点

在黑色、深蓝色等颜色为主色调的
页面上，使用金色来突出重点，演
绎出高级感。

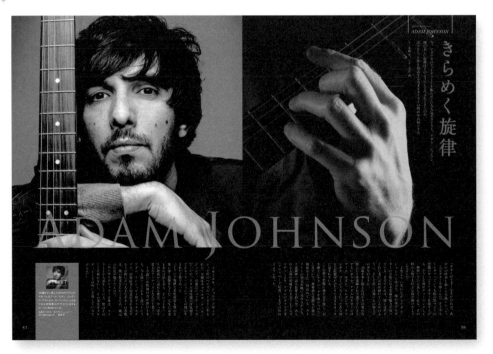

✎ 思考方案

这个方案中，我们选择柔和的颜色，体现出和其他方案的区别。
以人物皮肤的颜色为启发，选择了若干种较为浑浊的粉色。
在给人以明亮、温柔的印象的同时，传递出成年人的时尚感。

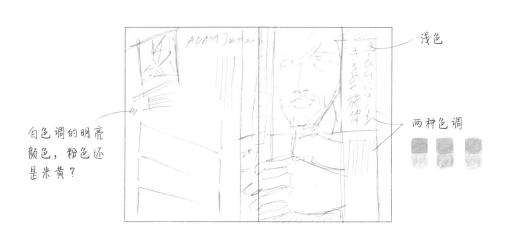

浅色

两种色调

白色调的明亮
颜色，粉色还
是米黄？

🔍 设计要点

和其他两个方案暗沉的颜色搭配相比，这
个方案中改变的色调，选择了明亮的颜
色，使3种方案各有不同。

第 4 章

字体设计的创新方法

根据字体、文本排版方式的不同，
可以创造出3种不同的设计方案。
不仅仅是文字，还要在颜色、照片等方面下功夫，
更有效地丰富设计方案。

主题

14 标题字体的创新方法

客户订单

男士时尚杂志的标题字体设计

以30～40岁男性群体为目标的时尚杂志创刊号。
面向成年男性，希望传递出时尚、有型的印象。

杂志封面

客户的要求
- 要求展示出简洁的效果，将封面的冲击性考虑在内。
- 客户准备的3张照片，使用哪张都可以。

素材
客户提供的素材表

[杂志名称]
FLAT

[文案]
- CATCHING UP 2023 追赶下一季流行的步伐。
- 是皮革还是羊毛？选择不同、风格有异，成熟男人特别的休闲时尚。
- 时间流逝而韵味生发，手持本书，欣然翻阅，尽是欣喜之物和让您个性突出的复古单品。
- 本季最时尚单品：10个镶有珍珠和宝石的欧洲名牌。

照片

思考方案

首先在标题处使用serif字体。

因为是男性时尚杂志，比起传统杂志，更应该致力于选择能传达出现代感的字体。

因此，选择serif系列中新的字体来作为标题字体，突出时尚感。

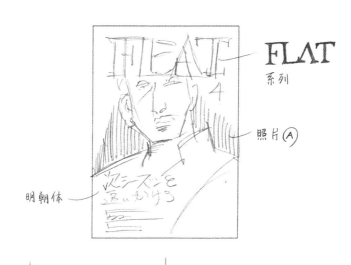

设计要点

选择serif系列有特点的字体，突出简洁感和时尚感。

方案B

✎ 思考方案

接下来，设计一个Sans-serif字体风格的方案。
考虑到男性时尚杂志的内容和标题的冲击力，选择有分量感的粗体字作为标题字体，对现有的标题文字加以修饰，使其更加引人注目。

serif 系列字体

FLAT

照片 Ⓑ

粗体

🔍 设计要点

对于杂志来说，标题的冲击力是最重要的，不仅要做到时尚，还要夺人眼球。

✎ 思考方案

第三种方案选择具有现代感的、酷劲十足的样式作为标题。
虽然使用的是现有的字体，但它是仅由几根线条构成的几何形式。

几何学特点的

FLAT
FLAT
FLAT

照片 ⓒ

🔍 设计要点

通过使用富有个性的标语，展现杂志充满想法的特点。

15 主题 段落排版的创新方法

客户订单

介绍葡萄酒酿酒厂的杂志页面

某家文化杂志策划出一期特辑，介绍海外有名的葡萄酒酿酒厂。
页面由文本和几张简单的图片构成。
因为文字数量多，因此不要给读者以头重脚轻之感。

杂志对开页（从右侧翻）

客户的要求
- 客户提供的照片要全部用上。
- 因为整个页面只由照片和文字组成，所以请在段落排版方面做出一些变化。

素材
客户提供的素材表

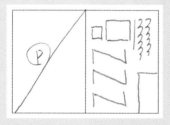

[文案]
古城孕育出的传奇葡萄酒

[引导词]
西班牙加泰罗尼亚地区的古城孕育出了一种传奇葡萄酒，至今已有300年历史。这其中蕴含着怎样的故事呢？

照片

✐ 思考方案

选择将文字排成5个段落的基本布局。
通过将中间的一段分开，插入数张附图，
在杂志中强调出重点。

白色底色

5个段落，
在正中间插
入照片

平铺照片

Gothic字体

A⁺

🔍 设计要点

因为基本的段落构成已经确定，因
此就要考虑在哪个部分做出改变才
能够出彩。

ワインの美味しさはもちろんだけど、
この味には伝説が詰まっている。
1000年以上の歴史がね。

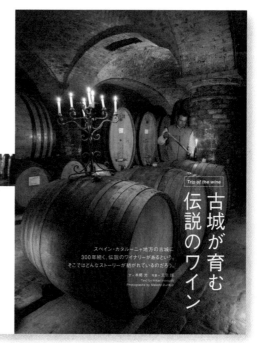

Trip of the wine

古城が育む
伝説のワイン

スペイン・カタルーニャ地方の古城に
300年続く、伝説のワイナリーがあるという。
そこではどんなストーリーが紡がれているのだろう。

文・本郷 光　写真・文気 誠
Text by Hikari Hongo
Photographs by Makoto Bunki

思考方案

这个方案将文字排成**4**个段落，
在版面上方空出一段距离。
通过大胆留白，吸引读者的目光。

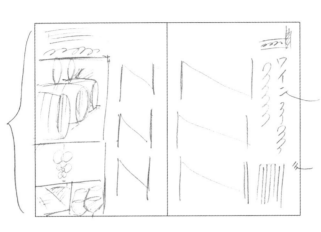

基本布局由
4个段落组
成，在页面
上方留出一
段的空白

明朝体，
字体颜色选
择红色系

白色背景，
排版以文字
为中心

B

设计要点

留白排版方法的优点在于，不仅可
以方便读者阅读，同时也便于作者
传达信息。

ワインの美味しさはもちろんだけど、
この味には伝説が詰まっている。
1000年以上の歴史がね。

Tales of the old castle

Trip of the wine

古城が育む
伝説のワイン

スペイン・カタルーニャ地方の古城に
300年続く、伝説のワイナリーがあるという。
そこではどんなストーリーが紡がれているのだろう。

文＝兼藤充 写真・文＝辺誠
Text＝Mitsuru Kanetou Photographs＝Makoto Bentou

56

✏️ 思考方案

和方案A一样，采用将文字排版成5个段落的方式。
在页面上方空3个段落的位置，用来编排标题和照片。
标题选用横排，处于杂志页中间，引人注目。

将文字排版成5段，在页面上方空出3个段落的位置用来编排标题和照片。在下面两段左右的地方编排文字

在标题四周添加装饰线，创造华丽的效果

加入具有复古感的插图

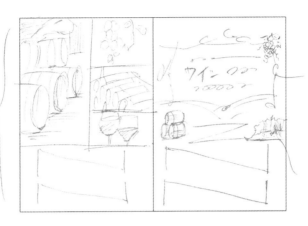

🔍 设计要点

通过在横排文字和竖排文字中取得平衡来制造吸睛点和页面的节奏感。

↓

古城が育む
伝説のワイン

TRIP OF THE WINE

スペイン・カタルーニャ地方の古城に
300年続く、伝説のワイナリーがあるという。
そこではどんなストーリーが紡がれているのだろう。

文・本間光　写真・文京鎮
Text by Hikari Hongoh / Photograph by Makoto Bunkyo

57

56

16

主题

改变字体，带来创新

客户订单

摇滚歌唱家的演唱会海报

要制作海外有名的摇滚女歌唱家的演唱会海报。
版面由人物照片和文字构成，文字尽可能缩减到最少。
请设计出能够灵活运用主要照片且富有冲击力的海报。

📄 海报

❗ 客户的要求
- 只能使用客户提供的1张照片。
- 设计需要突出冲击力。

📁 素材
客户提供的素材表

［文案］
辛迪·沃森
2023.8.18塞本音乐厅

照片

思考方案

首先平铺使用照片。

标题放在正上方，以便吸引眼球。

为配合照片的整体感觉，使用带有清晰简洁印象的字体。

在整个版面平铺
无修正的照片

在上方空白处插
入标题文字，字
体颜色选择白色。
选择能够传递出
简洁、清晰感觉
的字体

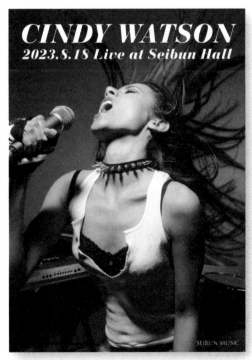

设计要点

第一种方案在版面上方编排
标题文案，采用无修正的照
片，是一种标准的方案。

✏️ 思考方案

为了创造出具有冲击力的作品，本方案大胆地放大原有照片，突出人物的面部。
文字使用serif系列的字体，将音乐家的名字分成两段排列。
放大标题文字，使文字和照片一样富有冲击力。

放大突出照片
的面部，突出
冲击力

文字字体采
用 serif 系列，
加粗，传达出
冲击力

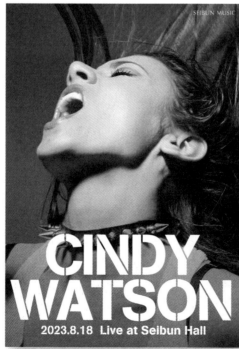

🔍 设计要点

希望强调的部分应该放大
展示。如果标题文字可以分
段，则可以分成2～3段，
增大文字的显示面积。

✏️ **思考方案**

这个方案中，从文字、图片到其他细节设计
都希望传达出"摇滚"般的狂野、粗暴之感。
通过让页面变得狂野、破损、脏污的做法，让读者感受到"摇滚"之感。

将照片设为海报背景，
和带有污损感的纹路图
片合成在一起。设置成
黑白效果

文字需要体现出狂
野感。选择红色系，
使其醒目

将标题文字斜着排版

🔍 **设计要点**

与设计内容相得益彰的文
字效果，是设计制作时的
一大助力。

客户订单

书籍正文的版式设计

接到一份商业性书籍正文版式设计的订单。
设计要素非常简单，仅由文字构成。
但还是需要提供3种具有新意的方案。

📖 书籍正文

❗ 客户的要求
- 最终效果要便于阅读。
- 因为版面中只有文字，因此需要提供给客户多种设计效果。

📁 素材
客户提供的素材表

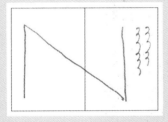

[章节名称]
说话方式

[副标题]
有助于商务谈判、令人愉悦的说话方式是什么样的?

[正文]
事实上，低声细语更能够撩拨对方的头脑和心灵。播音员最先接受的专业教育就是关于"姿势"的。所谓"姿势"，就是"具有气势的姿态"。我学习到的东西中印象最为深刻的，就是关于"姿势"的知识。
首先，坐在椅子上时，微微弯腰，将背挺得笔直。（以下省略）

✏️ 思考方案

书籍正文排版时，客户经常对每一页应该排入多少文字有要求。

但本例中优先考虑设计。

通过在标题和页码的排版中下功夫，设计各种不同的方案。

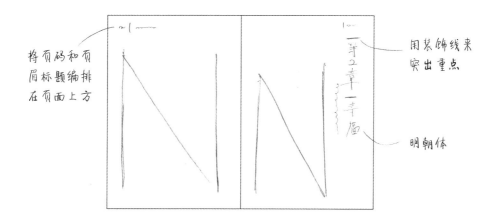

将页码和页
眉标题编排
在页面上方

用装饰线来
突出重点

明朝体

🔍 设计要点

通过在页面上设置页码和留白，并
有效使用装饰线，可以使设计有
序、重点突出。

33 ｜ 第2章 話し方

｜ 32

実は、ちょっとした声の出し方ひとつで、聞き手の頭と心を惹きつけることができるのです。アナウンサーになって最初に教育されるのは何においても「姿勢」です。「姿の勢い」と書くくらいですから、姿勢はとても大切だということを私は徹底的に教えられました。

まず、椅子に浅く腰かけて、背筋をピーンと伸ばします。次に、肩を後ろにひく感じで、両肩をグッと開きます。そして、顎を少し引き気味で顔を上げます。試しに、口端一センチずつくらいに、にっこり笑ってください。すると、自然といい声がでることに気付けます。

人間には顔だけでも50種類以上の筋肉があるそうで、笑顔になって顔の筋肉が上がると骨格もそれにつられて上がり、頭頂にある共鳴腔が開き、ツヤのあるまろやかな響きのいい声になるのです。人体の共鳴腔には鼻腔や胸腔など、複数あるのですが、背筋をまっ

すぐ伸ばすことで、これらの共鳴腔が開き、上半身全体が「共鳴箱」になります。いい姿勢、いい声で話す委には、その人の品格、そして知性も感じられるわけです。さらに、仕事ができそう、信頼できそう、経済力もありそうだ、とおのずと見られるわけです。何よりも明るい印象をプラスされます。温かみもプラスされます。

ところで、コミュニケーションにおいて主役は、「言葉」ではないという調査結果は、みなさんもご存じではないでしょうか。相手に好感をもたれるか否かの第一印象を決めるのは、見た目や表情などの視覚情報が55パーセント、話の内容は7パーセントにすぎないというのです。つまり、それだけ話し方の重要性はコミュニケーションにおいて増しています。姿勢や表情、声は、日常の人間関係、とくに初対面の人と良好なコミュニケーション関係を築くにあたり、真っ先に相手に好印象を与える手段として基本中の基本であるわけです。

今日からでも決して遅くありません。話し方の基礎を磨くことはみなさんの自己アピール力を磨くうえでも役立つでしょう。「いい花を咲かせようと思うなら、根っこをしっかりと大地に張ること」という格言がありますが、「伝える技術」が日々の生活のなかでど

第2章 話し方

ビジネスに役立つ、心地良い話し方とは？

方案B

✏️ 思考方案

本方案中，将页码放置在页面的下方，将页眉标题放置在上方。

标题上不加装饰，突出简洁感。

正文中的字号选择比方案A更大一级的，便于读者阅读，增加稳定感。

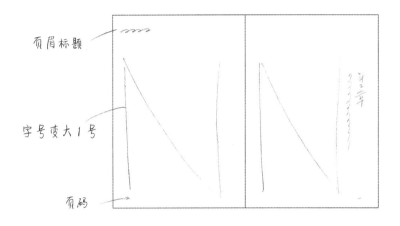

页眉标题

字号变大1号

页码

🔍 设计要点

在给客户提供设计方案时，可以改变正文中的字号来设计另一种方案。字号相同，字体不同，样式也不一样，设计时应该考虑到这一点。

B

第 2 章　話し方

第2章
ビジネスに役立つ、心地良い話し方とは？

実は、ちょっとした声の出し方ひとつで、聞き手の頭と心を惹きつけることができるのです。アナウンサーになって最初に教育されるのは、何においても「姿勢」です。「姿の勢い」と書く位ですから、姿勢はとても大切だということを私は徹底的に教えられました。

まず、椅子に浅く腰かけて、背筋をピーンと伸ばします。次に、肩を後ろにひく感じで、両肩をグッと開きます。そして、顎を少し引き気味で顔を上げます。試しに、肩の力を抜くために、唇の両端を一センチ上げて、にっこりと笑ってください。すると、自然といい声がでることに気付けます。

人間には顔だけでも50種類以上の筋肉があるそうです。笑顔になって顔の筋肉が上がると背格もそれにつられて上がり、頭頂にある共鳴腔が開き、ツヤのあるまろやかな響きの

いい声になるのです。人体の共鳴腔には鼻腔や胸腔など、複数あるのですが、上半身全体が「共鳴箱」になります。姿勢をまっすぐ伸ばすとで、これらの共鳴腔が開き、声のトーンや話し方などの第一印象を決めるのは、見た目や表情などの視覚情報が55パーセントを占め、声が知性を感じさせます。さらに、口端一センチアップで話す姿には、その人の品格、そしてい声で話す姿には、経済力もありそうだ、とおのずと見られるわけです。何よりも明るい印象を聞き手に与えます。温かみもプラスされます。

ところで、コミュニケーションの主役が「言葉」ではないという調査結果は、みなさんもご存じではないでしょうか。相手に好感をもたれるか否かの第一印象を決めるのは、見た目や表情などの視覚情報が55パーセント。話の内容は7パーセントにすぎないというのです。つまり、それだけ話し方の重要性はコミュニケーションにおいて増していくわけです。姿勢や表情、声は、日常の人間関係、とくに初対面の人と良好なコミュニケーション関係を築くにあたり、真っ先に相手に好印象を与える手段として基本中の基本であるわけです。

今日からでも決して遅くありません。話し方の基礎を磨くことはみなさんの自己アピール力を磨くうえでも役立つでしょう。「いい花を咲かせようと思うなら、根っこをしっか

33

34

方案C

 思考方案

之前的方案中，标题和正文都使用明朝体。

这个方案，标题的部分采用粗体。

页码和页眉标题均放置在页面右边。

页眉标题

页码

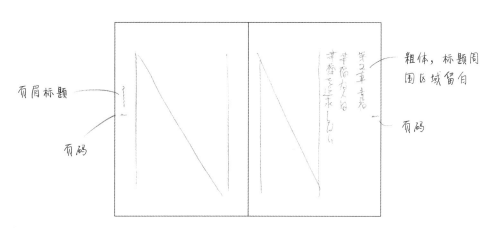

粗体，标题周围区域留白

页码

设计要点

通过使用粗体字体，使标题更加醒目，成为版面的焦点。

第2章 話し方

ビジネスに役立つ、心地良い話し方とは？

実は、ちょっとした声の出し方ひとつで、聞き手の頭と心を惹きつけることができるのです。アナウンサーになって最初に教育されるのは何においても「姿勢」です。「姿の勢い」と書く位ですから、姿勢はとても大切だということを私は徹底的に教えられました。

まず、椅子に浅く腰かけて、背筋をピーンと伸ばします。次に、肩を後ろにひく感じで、両肩をグッと開きます。そして、顎を少し引き気味で顔を上げます。試しに、肩の力を抜くために、唇の両端を一センチ上げて、にっこりと笑ってください。すると、自然といい声がでることに気付けます。

仕事ができそう、いい姿勢、信頼できそう、経済力もありそうだ、とおのずと見られるわけです。何よりも明るい印象を聞き手に与えます。

実は、この「共鳴箱」になります。いい声で話す姿には、その人の品格、そして知性も感じられます。

人体の共鳴腔には鼻腔や胸腔など、複数あるのですが、声なるのです。人体の共鳴腔が開き、ツヤのあるまろやかな響きのいい声になって顔の筋肉が上がり、頭頂にある共鳴腔が開き、それにつられて上がり、それにつられて声にある共鳴腔が開き、すぐ伸ばすことで、これらの共鳴腔が開き、上半身全体が「共鳴箱」になります。

人間には顔だけでも50種類以上の筋肉があるそうです、笑顔になって骨格もそれにつられて上がり、頭頂にある共鳴腔が開き、ツヤのあるまろやかな響きの

ところで、コミュニケーションの主役は、「言葉」ではないという調査結果は、みなさんもご存じではないでしょうか。相手に好感をもたれるか否かの第一印象を決めるのは、見た目や表情などの視覚情報が55パーセントを占め、声のトーンや話し方などの聴覚情報が38パーセント、話の内容は7パーセントにすぎないというのです。つまり、それだけ話し方の重要性はコミュニケーションにおいて増しています。姿勢や表情、声は、日常の人間関係、とくに初対面の人と良好なコミュニケーション関係を築くにあたり、真っ先に相手に好印象を与える手段として基本中の基本であるわけです。

第2章 話し方

33

32

93

18 主题　只有文字的封面的求新之术

客户订单

商业性书籍的封面设计

客户欲制作一本和广告业相关的商业图书。
委托我们设计其封面。
不使用照片和插图，单纯依靠文字来使设计出彩。

书籍封面

客户的要求
● 书名要放大，使其变得醒目。
● 封面设计要符合商业书籍的要求和规范。

素材
客户提供的素材表

[书名]
广告力

[副书名]
使你的推销能力倍增的广告营销战略

[作者]
阿兰·罗伊

[译]
本乡光

方案A

 思考方案

根据客户的要求，将书名放大排版。

字体看起来要具有简洁洗练、严肃正式的商业风格，使用明朝体。

标题部分计划设计成镶银箔的样式。

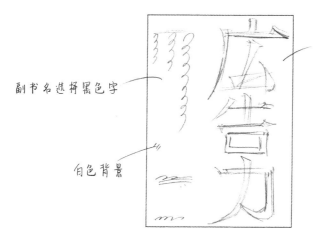

副书名选择黑色字

白色背景

书名选择明朝体
放大
并做成镶嵌银箔的样式

ロイ・アレン　本郷光 訳

広告戦略

販売力を倍増させる

広告力

Advertisement Power
Roy Allen

SHINKOSHA

设计要点

书名选择大号字体容易显得过于粗狂生硬，因此做了特殊处理，显得更为时尚。通过这一特殊处理，画风得到了较大的改变。

方案B

✏ 思考方案

使用加粗的粗体字，表现如同要从纸面挤出来一般的效果。
个人认为，在"广告力"这3个字中，选择"力"字作为重点进行突出较好。
因此将这个"力"字做出"镶嵌银箔"的效果。

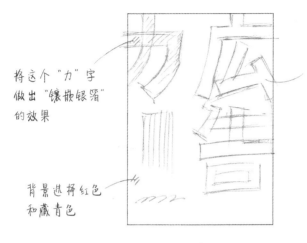

将这个"力"字
做出"镶嵌银箔"
的效果

使用加粗的粗体字
字体颜色为白色

背景选择红色
和藏青色

🔍 设计要点

方案A选择的是白色背景，为了显示出对比效果，本方案中选择彩色背景。

思考方案

第三种方案希望增加一点趣味性。

从"广告力"这3个字的书名上着手，设计出既有个性又有趣的封面。

书名文字选择能够吸引目光的变体文字。

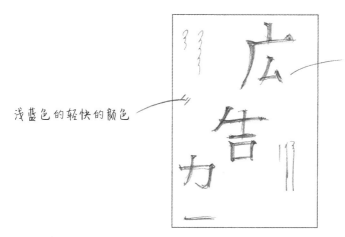

书名字体选择
既带有明朝体
的感觉，又带
有粗体字感觉
的字体

浅蓝色的轻快的颜色

↓

 **设计要点**

在文字的排版方式上动脑筋，使用具有幽默感的字体。与严肃、正式的前两种方案不同，灵光一闪设计出这样的方案也是可以的。

19 主题 | 标题周围和字体的求新之术

客户订单

商业杂志中的专家对话

商业杂志中，策划要刊登两位著名经济学家对话的报道。
要求版面设计体现出理性、高端的感觉。

📖 杂志对开页（从右侧翻）

❗ **客户的要求**
- 两位人物所占版面大小一致。
- 两位人物的照片从客户提供的小照片中选择，每人各选1张。

📁 **素材**
客户提供的素材表

[文案]
取得翻天覆地变化的伦敦金融体系

[引导词]
2023年，随着英国大规模实施金融宽松政策，伦敦股票交易市场重新恢复了昔日的盛景。本杂志特邀了两位世界级著名经济学家，为我们讲述这日新月异的变化。

照片

方案A

 思考方案

首先，从页面其他细节到报道内容，字体都选择明朝体，使人感受到高级和理性的氛围。

其次，配色选择深蓝色系和灰色，让人感到冷静。

从字体到配色的选择，再到留白方法，呈现出具有高端设计感的杂志。

白色背景

两位经济学家的照片横向并列排版

正文选择明朝体

明朝体（黑色或者灰色）

Serif 字体

深蓝色

 设计要点

明朝体能传达出知性的印象，但是与此同时也会显得过于死板，所以需要注意这一点。

方案B

 思考方案

第二种方案，字体选择粗体。

粗体与明朝体比起来，显得更为休闲。

但是，过多地运用粗体容易使文章看起来过于笨重，应该注意其使用方法。

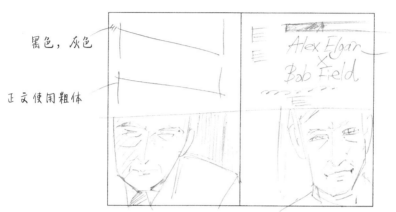

黑色，灰色

正文使用粗体

加粗的 Serif 字体。英文字体选择 helvet-ica？还是 gill sans 字体？

文字选择深蓝还是橙红色？

 设计要点

标题选择胖的字体，其他正文选择略微细的粗体，使得整体版面较为有型。

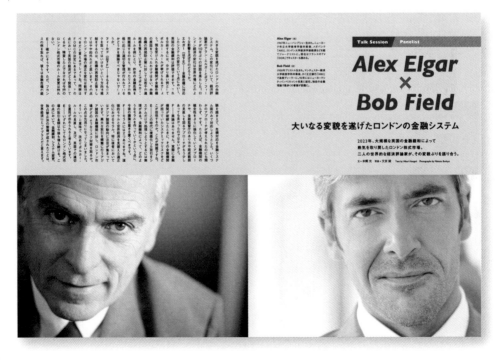

✎ 思考方案

这个方案大胆地使用放大排版人物姓名的方式，然后在文字中插入照片。
为了在文字中插入照片，因此需要较粗的字体。
选择比较出效果最好的粗体字体。

白色背景

红色或者金色？

正文使用明朝体

在文字中插入图片
（字体：serif系列）

粗体

🔍 设计要点

尽量增大文字面积，这样就能增大照片显示范围，使效果更好。

第 5 章

设计的锦上添花之术

在前面的章节中，
我们先后谈及了"照片""文字""配色"
等排版设计基础部分的创新之技。
本章从锦上添花的小创意出发，呈现3种不同的方案。

客户订单

服装品牌的海报

客户要求设计一张宣告秋季流行季到来的海报。
运用客户提供的产品照片，设计出多种方案。

海报

客户的要求
- 设计出的海报要传达出品牌形象。
- 只能使用客户提供的1张照片。

素材
客户提供的素材表

[标题]
2023秋季新时尚，新开始

[文案]
革新与传统，颜色张扬地合二为一

照片

方案A

✎ 思考方案

首先不使用其他给设计增色的技能，
运用客户提供的照片，简单编排文字，
透露出秋天萧瑟、沉静的氛围。

白色背景

平铺照片，近似
于无修正的效果
（按照标准的照片
处理方法）

白色背景，字体选择 serif
系列中略有个性的字体

🔍 设计要点

为了体现锦上添花的方案
与其他方案的区别，第一
个方案什么手段都不添
加，是最标准的方案。

方案B

✎ 思考方案

为了体现出思乡、复古的情绪，
使用旧相框这一设计元素，与照片合成在一起。
将人物背景部分的色调调为深褐色调。

背景调为深褐色调

相框

褐色或者黑色

人物部分色调不变

选择略带个性的字体

🔍 设计要点

单单在照片外面添加一个
相框，就能将平白无奇的
方案改变一新。这个方案
中不改变人物的色调，而
将背景调为棕色调，将读
者的目光吸引到服装上。

方案C

思考方案

为配合秋季这一背景，选择加入红叶边框。
因为其他方案接近于黑白色调，因此本方案不仅体现出秋意，更要体现出明亮
的印象，和其他方案区别开来。

白色背景

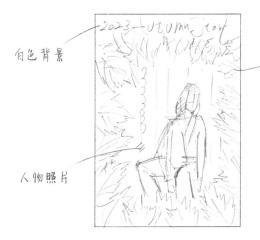

红叶边框，
突出秋意

人物照片

设计要点

使用红叶边框，呈现出黄
色、红色和绿色，是一种
能够强调季节感的方法。

21 | 添加素材刻意求新②

主题

客户订单

介绍时尚发型的页面

杂志社策划出一个特辑，介绍时尚发型。
杂志社选用了目前人气最旺的4个发型。
页面由这4张发型照片和文本构成。

📖 杂志对开页（从右侧翻）

❗ 客户的要求
- 将4张照片全部用上。
- 4张照片彼此大小不同，强弱感觉不同。

📁 素材
客户提供的素材表

[标题]
当季流行发型

[文案]
最具人气的造型艺术家MOA专门为本杂志设计了当季最流行的4款发型，并以"梦中的派对造型"为主题进行了拍摄。让我们一睹令人瞩目的时尚快照吧。

照片

方案A

✏️ **思考方案**

首先，平铺排版主要照片。
在右半页缩小放置其他照片，并下功夫琢磨其排版方法。
本方案中选择以正片胶卷的形式排版，并互相重叠，彼此透明。

明朝体，
白色背景

全面平铺照片

将3张照片以正
片胶卷的形式排
版，并互相重叠，
彼此透明

🔍 **设计要点**

通过将照片排版为正片胶卷的形
式，突出重点。

方案B

📝 **思考方案**

将照片设计成如同挂在墙上的相框中，看起来像一幅幅艺术品。
通过选择具有娱乐性的照片展示方法，将读者的目光吸引到纸面上。

相框选择
棕色的木质
纹路或者纯
黑色

需要选择纹理
鲜明醒目的，
还是平滑、不明
显的？商量一下

如同在白色墙
壁上装饰相框
那样的感觉

B ✦

🔍 **设计要点**

将照片装入相框中的方法很常见，
在希望将照片当作艺术品呈现时特
别有效。

思考方案

在该方案中，我希望能进一步锦上添花，设计出具有冲击力的版面。
将各张照片设计成被悬挂起来的拍立得照片，
是一种带有趣味的、大胆的展示方法。

背景选择深色木纹，还是白色纸质纤维纹路？还是铝制材料？

将4张拍立得照片设计成被悬挂起来的样子（像将洗好的衣服挂起来那样，用夹子将照片固定起来）

设计要点

即使照片相同，展示方式不同，效果也不同。在第3种方案中通过锦上添花之技，创造出不同的效果。

22 主题 添加日本元素获得创新

客户订单

介绍日式点心的杂志页面

消费指南杂志策划出一个特辑，介绍目前人气正旺的和果子。
希望传达的不是传统日本风格，
而是充满现代感和时尚感的日本氛围。

📖 杂志对开页（从右侧翻）

❗ 客户的要求
- 客户提供的主图和副图共计6张，希望全部用上。
- 希望页面能传递出日本风格。

📁 素材
客户提供的素材表

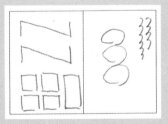

[标题]
和果子、百花缭乱

[引导词]
如今，和果子的热潮再次袭来。以2013年为
例，瞭望将来和果子的流行潮流。

主图　　　　副图

方案A

✏️ **思考方案**

背景选择平铺粉色白色相间的格纹，其上排版主要图片。
在主图和副图之间用云状的装饰线隔开，
在装饰线中也铺上红白相间的格纹。

使用给人留
下轻快感觉
的日本风格
装饰

使用云状的
装饰线，在
线中也铺上
红白相间的
格纹

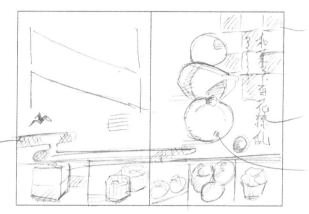

背景选择平铺
粉色白色相间
的格纹

楷书还是行书

在格纹上剪贴
和果子的图案

🔍 **设计要点**

运用传统的日本式花纹，颜色选择
日本风的红色、白色和金色。

方案B

✏️ **思考方案**

平铺日本纸为背景，并在左上和右下方插入浮世绘风格的插图。
通过使用日本特色图案的纸张和插图，直接传递出日本风格的氛围。

以浮世绘人
像作为装饰

插入5张图片

背景是日本纸

排版照片

装饰日本风格
的图案

↓

B

🔍 **设计要点**

日本纸种类众多，为了突出和果子可
爱的氛围，特意选择了可爱风格的。

方案C

 思考方案

将照片修剪成日本风格的形状。
其他方案都采用鲜艳的颜色，
本方案采用深色系，以示区别。

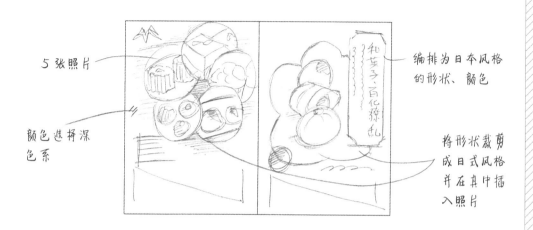

5张照片

编排为日本风格
的形状、颜色

颜色选择深
色系

将形状裁剪
成日式风格
并在其中插
入照片

设计要点

通过在排版中灵活体现和风的颜色
和形状，创造出浓厚的日本氛围。

23

主题

添加趣味点获得创新

客户订单

帐篷节的杂志报道

消费指南杂志策划刊登一篇关于帐篷节的报道。
因为是快乐的亲子活动，
所以要在版面设计中将这种欢乐传递给读者。

📖 杂志对开页（从右侧翻）

❗ 客户的要求
- 从客户提供的几张照片中进行挑选。
- 结合帐篷节的内容，传达出欢乐感。

📁 素材
客户提供的素材表

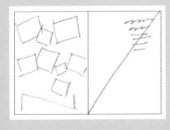

［文案］
enjoy outdoor（享受户外生活）
"2023帐篷节"全面报道

［引导词］
去年8月，在加利福尼亚开展了规模盛大的帐篷节，约有300个家庭
报名参加，享受美好夏日。本杂志记者火速为您带来最新报道。

照片

思考方案

展现欢乐感的方式有很多，
这里选择使用有个性的字体和人物对话框的方式。
这个方法虽然简单，却能增加不少趣味性。

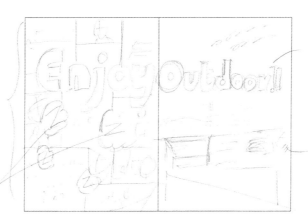

选择带有流行元素的字体

在左半页里栅格状排列若干张照片

在右半页平铺1张照片

在照片中合适的地方加入对话框

设计要点

标题选用圆圆的、活泼的字体，通过使用对话框，展示趣味性。

✏️ 思考方案

将一张一张的照片排列成纪念册的样子，编排在杂志的上方和下方。
英文标题选择手写体，选择黑白线条插图。
设计出能够充分收集帐篷节美好画面的页面。

帐篷的线条画

在页面上下
排列照片
（拍立得照
片的风格）

白色纯色或者
其他颜色背景
（绿色）

🔍 设计要点

通过在版面中插入手绘的插图，
花费小小心思，营造出温馨快乐的
氛围。

方案C

✏️ **思考方案**

第三种方案中，设计成将各张照片贴在木板上的样子，如同手工制作出来的一样。

在每张照片下方都插入一句话，设计成看起来像是撕开的纸的效果，上面也要有文字。

细节部分也要加入娱乐元素，在整个杂志页面中突出欢乐感。

将照片用大头钉固定起来

做成撕开纸张的效果，在上面排上文案

背景是木板。

如同手工制作的一般

C⁺

🔍 **设计要点**

贴上插图和真实的花花草草，营造出欢乐的氛围。

24

主题

增添可爱元素求得创新

客户订单

以排行榜的形式介绍人气犬种

在面向女性的杂志中策划刊登一个特辑，介绍人气犬种。
请以排行榜的形式编排，清晰易懂，做出可爱的、有欢乐感的页面设计。

📖 杂志对开页（从右侧翻）

❗ 客户的要求
● 客户提供的照片希望全部用上。
● 希望给人欢乐、可爱的印象。

📁 素材
客户提供的素材表

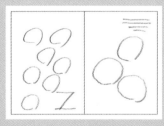

[文案]
人气狗狗排行榜

[引导词]
2023年，由读者票选出来的人气狗狗排行榜即将
揭榜。什么样的狗狗人气最旺呢？马上为您揭榜！

照片

方案A

✏️ **思考方案**

在这个方案中，我们选择10种颜色，
营造出色彩丰富、可爱的感觉。
将狗放在圆圈中，增强柔和感和可爱感。

王冠

将狗放在
圆圈中

在左半页放置
第4～10名

采用有特点的字体

根据第1～10名
名次的不同改变
颜色（颜色要丰
富多彩），将第1
～3名放大

🔍 **设计要点**

通过狗爪印、王冠、对话框等在杂
志页面上添加很多娱乐色彩，突出
可爱感和欢乐感。

✏️ **思考方案**

这个方案中首先采用加大的数字字号、丰富多彩的配色，
在数字旁边放上缩小的狗的图片，突出可爱感。
在标题周围和数字中间添加花纹，增加温馨感。

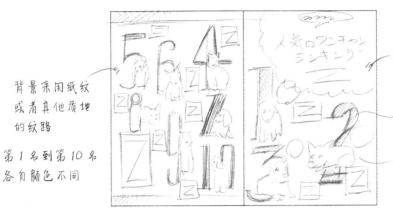

背景采用纸纹
或者其他质地
的纹路

第1名到第10名
各自颜色不同

粉色或黄色，
选用什么花纹

数字放大排版

将狗的图片缩小
排列到数字旁

🔍 **设计要点**

具有个性的字体，明亮多彩的配
色，圆圆的图形，这些都是凸显可
爱感的关键技巧。

B ✦

方案C

✏️ **思考方案**

在整个版面平铺写生纸，多使用手写体的字体。
营造出手工制作的感觉。
狗的照片外面加上白框，并设计出用剪刀剪出来的效果。

在整个版面平铺
写生纸

文字选择手写的
字体

营造出手写感

使用手绘风格的
装饰线

在狗的照片外面
加上白框，并设
计出用剪刀剪出
来的效果

🔍 **设计要点**

通过运用手绘风格的插图，整体创
造出柔软、温暖、可爱之感。

25 主题

增加优雅色彩求得创新

客户订单

传达插花魅力的杂志页面

杂志策划出版一个特辑，
传达在生活中通过简单插花就能够丰富每天的生活的理念。
设计出带有花的优雅温暖的页面。

📖 杂志对开页（从右侧翻）

❗ **客户的要求**
- 客户准备的照片要全部用上。
- 设计出带有花的优雅温暖的页面。

📁 **素材**
客户提供的素材表

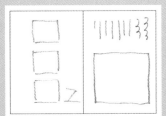

[文案]
有花的生活

[引导词]
可爱自然之光 装点温馨家庭

照片

插图

思考方案

首先在页面上方留白，在下方集中放置花的照片。
将标题横排，然后在旁边插入插图和其他装饰。
在整个页面上方编排蝴蝶结的照片，突出温柔和高雅的感觉。

蝴蝶结的照片
（粉色还是黄色？）

编排3张照片

白色背景

横着排放1张照片

设计要点

通过在页面一小部分上做文章，创造
出能够体现鲜花温柔和可爱的页面。

A

方案B

 思考方案

选择将1张照片放大、其他照片缩小处理的方式。

标题部分，在文字后面插入一个色块，并用曲线裁剪出形状作为背景。

在色块中插入花朵图案，营造出华丽感和温馨感。

字体选用粗体

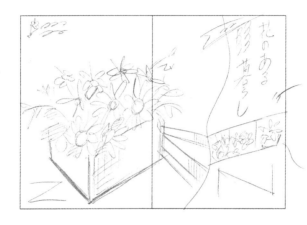

背景选用花朵纹路（绿色系）

选用3张照片进行缩小处理

设计要点

为了营造优雅的感觉，选择花朵的纹路和具有生命力的曲线，以及色调明亮的绿色。

方案C

✏ **思考方案**

把各张照片和一部分文字放在圆形中，
背景选择带白色调的淡淡的、优雅的颜色。
在页面上放置颜色丰富的圆形图案，强调可爱感。

在圆形中放
入文案

将照片全部
放入圆形中

背景是淡淡
的黄色

将字体设计得稍
微有一些个性

🔍 **设计要点**

和五彩缤纷的花朵一样，标题也要
选择五颜六色的，突出优雅感。

C

第 6 章

改变醒目文字

优先改变醒目字，设计3种不同的方案。

不仅仅是改变组图，还要考虑最想让读者看到的东西，

通过组合排版，创造变化。

26 | 改变醒目文字，求得新变化①

主题

客户订单

介绍爵士鼓演奏技法的杂志页面

音乐杂志正在策划一个特辑："成为爵士鼓达人的秘诀"。
希望能够提供几种不同的方案来展示弹奏技法。

杂志对开页（向右侧翻）

客户的要求
- 提供两张主图供挑选。
- 展示弹奏技法的照片要全部用上。

素材
客户提供的素材表

[文案]
向专业演奏家学习，领悟爵士鼓达人的秘技

[引导词]
对于初学者来说，最难的莫过于爵士鼓的节奏。本特辑中，记者对专业爵士鼓演奏家进行全方位跟踪采访，为您揭晓爵士鼓演奏的秘诀。

照片A　　　　　　　照片B

照片

思考方案

首先，根据客户的要求放大主图，
缩小并集中排列副图。
根据爵士乐这个主题，选择深色调。

将主图放在
右半页并放
大处理

将6张展示演
奏技能的图片
集中排列

选择黑色或
棕色调

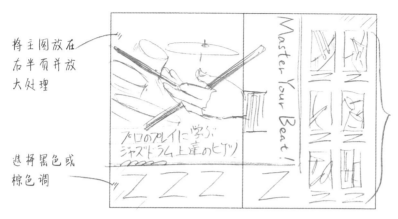

A

 设计要点

该排版先用主图吸引住读者的目
光，使其自然而然地看向右边的技
法展示。

方案B

接下来，是以展示方法为中心的排版方式。
在页面中间插入一张架子鼓的照片，在其各个部件上划出一条横线，
用以引出具体的弹奏技巧，一目了然。

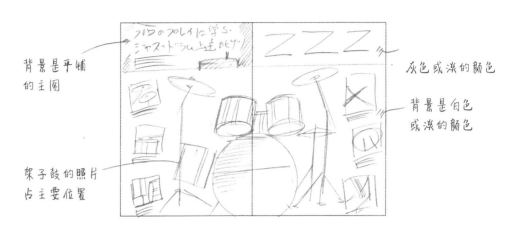

背景是平铺
的主图

灰色或淡的颜色

架子鼓的照片
占主要位置

背景是白色
或淡的颜色

🔍 设计要点

多样的设计方案并不是单纯地改变
排版，更要根据内容考虑怎样才能
更加一目了然地向读者传递内容。

思考方案

将展示弹奏技法的图片作为版面的主要部分，主图则作为背景使用。
并且，根据技能的主次重点不同，
将最重要的一点放大处理，根据内容处理出强弱效果。

将展示弹奏技法的图片作为版面的主要部分

架子鼓插图

在主图上添加一些纹路来作为背景

设计要点

按照内容的优先顺序不同，传达方式不同，自然版面设计也应有所不同。

27

主题

改变醒目文字，求得新变化②

客户订单

介绍数码艺术图像作品的杂志页

关于艺术的杂志策划了一个介绍使用数码科技创作出来的艺术作品的特辑。

设计要素是6张作品图片加各自的说明，以及文本。

在充分展示作品的前提下，考虑到页面的可读性进行设计。

杂志对开页（从右侧翻）

! 客户的要求
- 客户提供的照片要全部用上。
- 照片的大小可以不同。

素材
客户提供的素材表

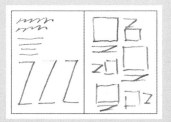

[文案]
如今引人瞩目的数码图像艺术最前线

[引导词]
本特辑将向您介绍当今世界引人瞩目的新锐数码艺术家，并精选了他们的作品供您欣赏，直击数码图像艺术最前沿。

照片

思考方案

首先，整理艺术作品的照片和文本，使其具有可读性。
将作品放在杂志版面正中间，在页面上面和下面编排标题和正文。
作品如果并排排列，就要全部缩小。因此要突出强弱和照片的分量。

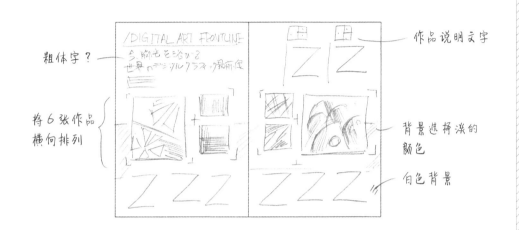

粗体字？

将6张作品横向排列

作品说明文字

背景选择淡的颜色

白色背景

设计要点

以作品照片为中心，设计出清晰易读的版面。

/DIGITAL ART FRONTLINE

今、脚光を浴びる
世界のデジタルグラフィック最前線

今、世界の注目を集める気鋭のデジタルアーティスト達。
彼らの最新グラフィックを厳選し、ここに紹介。
デジタルグラフィックの最新トレンドに迫る。

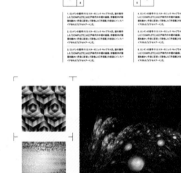

方案B

📝 **思考方案**

选取一张作品照片进行放大处理，作为主要照片。
设计出能够吸引读者目光的具有冲击力的图片。
引导读者按照排版方式，自然而然地将目光转移到文本上。

明朝体

5 张作品

在左半边
页面平铺
照片

背景使用黑色

🔍 **设计要点**

和其他方案比起来，这个方案以艺术作品的图像为中心，明确了杂志页面的优先顺序。

方案C

思考方案

使照片和文本各自保持相同的大小，
在页面左右侧配置文本，中间放置照片。
为了和其他两种方案显示出风格上的不同，文字背景选择平铺鲜艳的颜色块。

选择某张照片
裁剪为线条

背景照片需要
带点儿银色调

红色色块

红色色块

两边都编排上文字，
中间放艺术作品

设计要点

是将文本排在中间，还是将图像排在中间，还是两者兼有？应该根据优先顺序进行挑选。

改变醒目文字，求得新变化③

客户订单

介绍动物摄影师的作品

杂志社策划介绍一位国外著名的动物摄影师。
设计要素是黑白照片和文本，客户提供了多张照片，
请根据设计进行选择。

📖 杂志对开页（向右侧翻）

❗ 客户的要求
- 客户提供了多张照片，请根据设计进行选择。
- 选择1张照片作为主图进行处理。

📁 素材
客户提供的素材表

[文案]
大地之光：安迪·法雷尔

[引导词]
锐意进取的野生动物摄影家安迪·法雷尔，聚焦于非洲与亚洲多年，
针对他目之所及处的悠远思想和摄影手法，本杂志进行了专访。

照片

思考方案

放大一张摄影图片和作家的名字，设计出具有冲击力的页面。
在右边的页面放大编排作家的名字，然后排列多张照片并且设置成不同大小。
在左边页面平铺照片，最大限度地传达照片的力量。

在左边页面
平铺照片

在背景平铺土
纹和橙色调

作家的名字
选用 serif 系
列的字体

设计要点

采用1张主图及"大、中、小不同尺寸的照片"的组合，通过设置不同的大小来创造画面的动感。

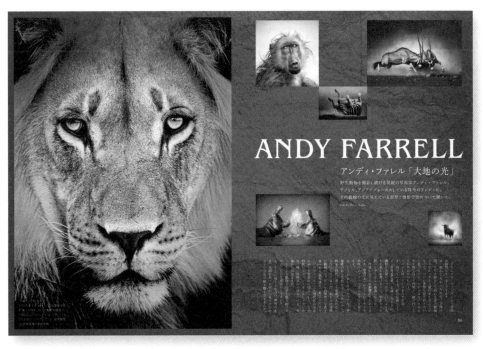

方案B

✎ 思考方案

因为标题是《大地之光》，
所以选用了一张大象行走在草原上的照片作为主图。
拉宽照片，设计出和方案A不同的展示效果。

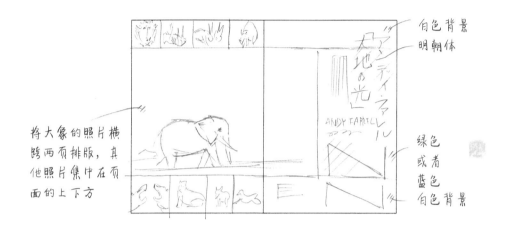

将大象的照片横跨两页排版，其他照片集中在页面的上下方

白色背景
明朝体

绿色或者蓝色白色背景

🔍 设计要点

除了主图以外，副图都选择相同的大小，颜色也选择冷色系，显得沉静稳重。

B ✦

✎ 思考方案

在第3个方案中，将客户提供的照片全部用上。
在大量使用图片的情况下，要设计不同的方案，不仅要对照片的内容加以挑选，
各方案的照片数量也要不同。

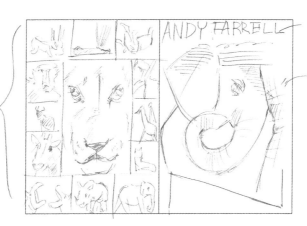

使用鲜艳的
颜色吗？

在右边页面
平铺照片

左边页面通
过网格来配
置其他照片

🔍 设计要点

因为需要用上的照片非常多，所以
通过使用网格来排版照片。

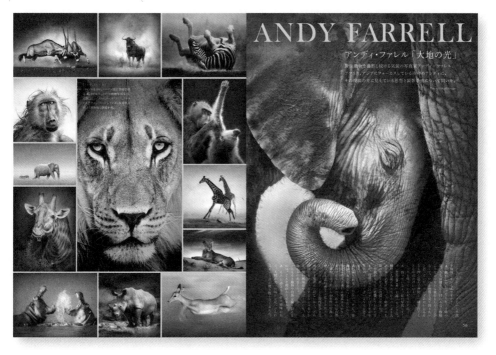

29

主题

改变醒目文字，求得新变化④

客户订单

介绍新型运动汽车的杂志页面

汽车杂志策划刊登一则介绍新车的报道。
客户准备了多张照片，
因此可以通过主图的变化来设计出不同的方案。

杂志对开页（从右侧翻）

客户的要求

• 准备的图片可以挑选，用哪张作为主图都行。
• 希望画面中体现出高级感和时尚感。

素材

客户提供的素材表

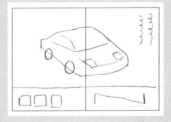

[文案]
摘下面纱的新型"XZ"
红色诱惑

[引导词]
人气车种"XZ"的最新版本以其性能和美丽的造型而引发抢购，今日终于摘下面纱，本刊为您一探究竟这令汽车发烧友垂涎的"红色诱惑"。

照片

✎ 思考方案

结合客户提供的素材，创造出比重偏向于图片的杂志版面。
以在户外拍摄的照片为主图，摄影棚内拍摄的照片为副图，缩小排版。
并添加补充说明的文字。

文字选择白色

将照片缩小，
集中排版

选择粗体、白色

照片平铺在整个
页面

A✦

↓

🔍 设计要点

因为车体积庞大，所以照片也要尽
量放大排版，突出规模感。

思考方案

挑选在摄影棚拍摄的照片并放大展示，
以车身的红色为主色调。
上半部分是英文，字体选择红色，在整个版面强调"红色"。

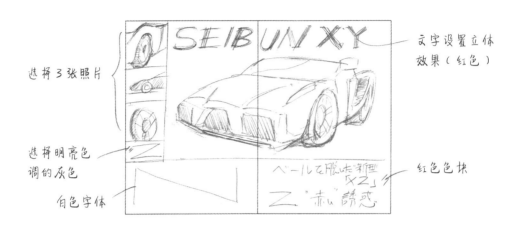

选择3张照片

选择明亮色
调的灰色

自色字体

文字设置立体
效果（红色）

红色色块

设计要点

希望强调某种颜色时，有一个方
法，就是抓住照片最具象征性的颜
色，此时效果最好。

B

方案C

✏️ **思考方案**

该方案偏向介绍公司和设计师。

将车辆细节的照片和车辆整体的照片调节为相同大小。

与其他方案中1张主要照片+多张次要照片的结构相比，本方案照片主次平衡，大小一致。

白色字体 ——

红色或黑色

车辆细节照
片展示

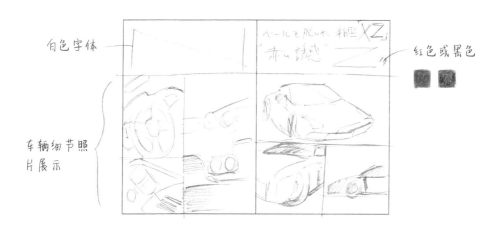

🔍 **设计要点**

希望以汽车的不同部分为展示重
点，所挑选出的照片的大小也要做
相应调整。

C

↓

30 _{主题} 改变醒目文字，求得新变化⑤

客户订单

面包教室的传单

接到一单面包教室宣传单的设计委托。
设计内容肯定要包括面包教室开业的内容，
也要宣传其"坚持采用天然酵母""纯天然无污染"的特点。

传单

客户的要求
- 主图视需求决定是否使用。
- 面包的照片希望能全部用上。

素材
客户提供的素材表

[文案]
天然酵母面包手工制作教室

[引导词]
使用天然酵母的有机教室，有利健康、让您安心
从制作面团、到发酵、到最终成型，能够让您踏实学习
不想体验一下这样充实的课程吗？

主图

面包的照片

方案A

✏️ **思考方案**

考虑到传单的冲击力，在页面中央放大排版主图。
还要配合"天然酵母手工制作面包"的内容，采用手写文字，
在背景中添加一些纹路，渲染出朴素的氛围。

背景采用布质，添加主图和一些白色的纹路

书写风格

排列各种面包的照片

🔍 **设计要点**

使用主图的方案。通过在手写文字和背景上的纹路以及配色等方面下功夫，渲染出朴素的氛围。

方案B

 思考方案

对实际拍摄的面包照片进行放大处理，
与刚才偏重于主图的方案形成对比，
这个方案直接展示面包本身。

放大展示各个面包

布质纹路
（棕色）

棕色
（文字白色，选择可
以方便阅读的粗度）

B

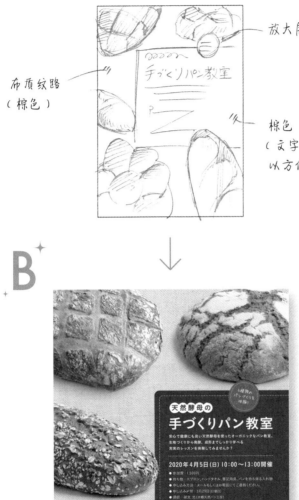

设计要点

"重点展示主图""直接
展示产品图"，思考方法
不同，展示方法也不同。

方案C

✏️ **思考方案**

这个方案着眼于氛围，展示在教室中学习的乐趣。

首先，选取1张面包的照片置于版面中间，突出冲击力。

然后，通过充满个性的字体和对话框，在页面中添加装饰，展示和其他方案的区别。

背景选择方格花纹和布质的纹路（棕色）

字体选择有个性的

面包照片1张，放大

加上1个对话框

🔍 **设计要点**

如果设计的重点放在"如何传达"上，三种方案的表现方式就自然而然产生不同。

创造性地扩大篇幅
素材图片使用方法

将图片左右拉宽时，画质显然会受到影响。画质高，颜色信息丰富的图片，设计的空间就一定更广阔。这里介绍一个可以从网上快速找到所需图片素材的图片库。以日本的图片素材检索网站"aflo"为例，简单介绍其使用方法。

搜索照片

在"aflo"中，自然风景、人物、静物自不必说。网站和著名通讯社有合作，最新报道、娱乐、体育新闻等相关图片也能快速找到。"aflo"作为国内最大的图片素材网站，只需要输入关键词，就有规模庞大的图片可供挑选、下载、运用在设计中。设计完成时进行总体确认，用的素材也可以免费下载。

照片/插图

不仅仅是照片，插图、电脑动画、绘画等素材都有。只要是图片就一定能找到。

报道/出版物中的照片

网站和美联社、路透社等国外通讯社，以及摄影师都有合作，在突发新闻和运动、娱乐新闻中出现的照片每天都会更新。历史上的人物和学术照片也非常丰富。

承接拍摄业务

网站承接安排模特、户外拍摄的业务，也可以重新翻拍图片。建议您注意，这个网站也可以承接海外拍摄业务。

承接图片处理业务

数码图片的加工和修正自不必说，网站也可以按照设计草图做出全新的图片，并根据预算进行相应的设计。

aflo公司

全天候免费提供图片下载的网站。如果搜索不到您需要的照片，可以与客服联系，口头说明要求。如果能够有效利用网站，一定可以扩大设计的选择面。

第 7 章

做好设计的7个要点

要做好设计，有诸多要点。
这里，集中对7个要点进行讲解。
如果您在日复一日的设计中能够意识到这7个要点，
一定能做出更加优秀的设计。

考虑读者的阅读顺序

在排版时，很重要的一点就是考虑读者的阅读顺序。如果不考虑如何引导读者进行阅读，散漫地编排设计要素，读者容易感到不知所谓，感受到凌乱的设计版面带来的压力。因此，设计者不仅要站在自己的立场，更要从读者的角度考虑设计方案。

如果没有考虑到读者的阅读顺序，就会凌乱地编排设计要素，使读者不知该先看哪个，降低了页面的可读性。

记得尽量引导读者平缓地移动视线，让页面内容顺着读者的阅读顺序缓缓展开，就能够设计出清晰可读的排版。

该对齐的地方要对齐

所谓排版，就是在小块的地方堆叠图片和文本框，因此要牢记，该对齐的地方要对齐，才能使版面看起来漂亮、紧凑。下文以版面的一小部分为例进行说明。在设计整个版面时只要能有同样的意识，就能提升版面效果。

文字和图片没对齐，看起来不美观。

两张图片的大小略微不同，没有对齐。

图片、文字都对齐了，版面美观。在设计整个版面时应该具有同样的意识。

通过裁剪进行确认

因为设计版面最终是要交付印刷的，所以要输出并一定按照最终出版物的尺寸进行裁剪，进行实际的确认。很多人没有意识到自己的文字排版失衡，即使在电脑上看起来尺寸合适，但是实际打印出来才发现文字都排到纸面边缘上去了。

从左边小小的预览图来看，似乎很和谐。但实际上打印裁剪出来后不难发现，如下图红色方框所示，文字过于靠近页面边缘，看起来令人不适。

像这样，在页面的边缘还留有一定的空白。在提笔设计之前，要确定好页面和文字之间要留有几厘米的空白，这一点非常重要。

张弛有道，心中有数

没有强弱差别，版面就显得平淡无奇，无法吸引读者。当然，根据要求，有时候确实需要平淡无奇的设计。首先要决定基本的优先顺序，按顺序调整项目的大小，显得整齐有条理。

虽然包的大小各有不同，但是基本一致。而且标题处也显得空白，应该在标题处插入点什么。

包包的大小分为大、中、小各不同，标题后面也加入色块，引人瞩目。用四个大包来吸引读者目光，将注意力引导到标题处。

注意留白

留白意识是非常重要的。当然，在日复一日的工作中，总有"需要排版的要素这么多，就不留白了"的时候，但是，要有这样的意识，就是有效地对设计要素进行整合集中，尽量留出空白，这样做能够有效提高页面的可读性。

因为没有留白意识，将设计要素安排得满满当当，会使版面显得过于拥挤、令人不快。

这个设计就意识到了留白。不仅是照片，文字的字里行间也做到了留白。通过留白，使各个设计要素都立体了起来，提高了整个版面的可读性。

预算不足时也需妥善应对

无论设计师是否出名，都有可能遭遇的情况就是预算不足。为此我提供两个建议：首先，预算真的不够。此时应该绞尽脑汁，在预算范围内寻求最优解决方案。另一个建议，就是可以通过灵活变通再挤出一点儿预算。此时如果提出3种方案，一定要有两种在预算之内，第三种方案不计预算，主要是向客户展示最完美的效果。当然，客户有可能表示："如果按照这种风格设计，需要多少预算？"也很有可能不为所动。最重要的是不要放弃，为最佳的设计效果而努力。

保持沟通

接受客户订单、提交设计草图等重要环节，最好能与客户面对面直接交流。原因在于，在客户的一些看似无心的话中，隐藏着设计的要点。我年轻的时候，也曾经认为只要了解了工作内容就没必要和客户过多交流。但是，后来我发现，看似无关紧要的谈话，却是一个了解客户的喜好、思维方式的好机会。通过实践，我发现交流确实能接收一部分客户的影响，并且转化为设计的灵感。

设计中重要的一点就是直接会面，在考虑如何达成客户心愿的前提下进行设计。

感谢您的阅读

Thank you for reading till the end.

后记

一下子设计3种方案是非常困难的。

如果您翻阅了本书提供的设计样例，也许会感叹：原来设计如此容易。但是，看似容易，实则艰难。

在实际的工作中，您必须按照客户的期望，将设计灵感朝着"更加美好的方向"扩展。只有1种方案不够，2种方案也不够，改变排版方案，创造出第3种方案。这即使对于专家来说都绝非易事。

仅仅是在版面设计上做出改变，并不能称之为排版。

真正的排版，是充分吸收客户要求、发掘需要强调的要点，并有效展示给客户。所谓设计的魅力，正是在于想传达的事物上。

在看不见的地方下功夫，向着更好的效果迈进，这才是设计师应该追求的东西。

龙生九子，各有不同。即使用同样的素材和内容，不同的人设计出来的方案也是五花八门。本书刊登的例子说到底只是一种启发，并不是正确答案。

因此，大家在实际工作中，当方向已定、却不知该如何继续设计下去时，请翻开本书，说不定可以找到突破点。这将是我的荣幸。

最后，我想衷心感谢为本书提供莫大支持的诚文堂新光社的总编三嶋康次先生，以及担任本书编辑的宇都宫浩先生、曾田雪子女士以及设计本书案例的甲贺礼子女士，授予我照片使用权的小长井悠子，以及其他为本书的成书做出贡献的人。谢谢！

甲谷一

2013年11月22日

图书在版编目（CIP）数据

简单搞定客户：30个案例×3个方案　提升你的版面设计力 /（日）甲谷一编著；叶灵译. -- 北京：人民邮电出版社，2019.1
　　ISBN 978-7-115-49535-8

　　Ⅰ．①简… Ⅱ．①甲… ②叶… Ⅲ．①版式-设计
Ⅳ．①TS881

　　中国版本图书馆CIP数据核字(2018)第227663号

版权声明

ABC-AN NO LAYOUT by Hajime Kabutoya

Copyright © Hajime Kabutoya 2013

All rights reserved.

Original Japanese edition published by Seibundo Shinkosha Publishing Co., Ltd.

This Simplified Chinese language edition published by arrangement with

Seibundo Shinkosha Publishing Co., Ltd., Tokyo in care of Tuttle-Mori Agency, Inc.,

Tokyo through Beijing Kareka Consultation Center, Beijing

编辑·撰稿　宇都宫浩（MIGEL 公司）
　　　　　　曾田雪子（MIGEL 公司）
装帧设计　Happy and Happy
照片提供　小长井悠子（P17、P104～P111 人物特写）
案例设计　甲贺礼子
严禁复制。本书中所登载的内容（内文、照片、设计、图表等）仅用于个人使用之目的，若未获得著作权人的许可，严禁转载及其他商业利用。

内 容 提 要

　　在设计工作中，设计师常常因客户瞬息万变的无条理要求而陷入才思枯竭的状态，那么如何高效设计出令客户满意的设计方案呢？本书从设计的基础知识出发，通过30个案例详细讲解了照片运用、配色、字体设计、素材添加、醒目字设计等 5 个让设计方案丰富化的方法，每一个案例都从客户的要求出发，根据客户提供的素材，分别思考方案，画出草图，设计出 A、B、C 三个方案供读者鉴赏；本书最后一章还列出了设计工作中容易忽略的 7 个要点提示。

　　本书案例丰富，讲解一针见血，不仅适合从事广告设计、海报设计、封面设计、网页设计、排版设计等人员阅读参考，也可以作为相关专业和机构的培训教材。

- ◆　编　　著　[日]甲谷一
- 　　译　　　　叶　灵
- 　　责任编辑　王　铁
- 　　责任印制　陈　犇
- ◆　人民邮电出版社出版发行　北京市丰台区成寿寺路 11 号
- 　　邮编　100164　电子邮件　315@ptpress.com.cn
- 　　网址　http://www.ptpress.com.cn
- 　　北京富诚彩色印刷有限公司印刷
- ◆　开本：787×1092　1/16
- 　　印张：10　　　　　　　　　2019 年 1 月第 1 版
- 　　字数：337 千字　　　　　　2019 年 1 月北京第 1 次印刷
- 　　著作权合同登记号　图字：01-2018-2540 号

定价：88.00 元

读者服务热线：(010)81055296 印装质量热线：(010)81055316
反盗版热线：(010)81055315
广告经营许可证：京东工商广登字 20170147 号